옐로우 큐의 살아있는 박물관 시리즈

우주 박물관 ㊦

| **초등 과학 교과연계도서** |

3-1 지구의 모습

5-1 태양계와 별

6-1 지구와 달의 운동

| **중등 과학 교과연계도서** |

1 여러가지 힘

2 태양계

3 별과 우주

3 과학 기술과 인류 문명

| **일러두기** |

본문에서 책 제목은《 》, 강조 단어는 ‘ ’로 구분해 사용했어요.

옐로우 큐의 살아있는 박물관 시리즈

우주 박물관 하

달에서 토성까지 태양계 탐험

윤자영 글 | 해마 그림

안녕로빈

목차

요약

옐로우 큐의 우주 박물관 (상)

과학 동아리 회원 서연, 동해, 백근, 상백은 우주 박물관 개장을 앞두고 옐로우 큐를 돕다가 실수로 Q 배지를 작동시킨다. 이들은 1865년의 미국으로 이동하면서 뿔뿔이 흩어진다.

이때 미국은 남북 전쟁을 막 끝내고 전례 없던 과학 실험을 시작하고 있었다. 전쟁 때 활약했던 대포 클럽의 회장 바비케인은 존재 이유가 사라진 포탄을 달로 쏘아, 달에 있는 사람과 연락하자는 계획을 세웠다.

서연, 동해, 백근은 달 포탄 프로젝트 실행 위원이 되어 19세기 과학자, 공학자 들과 끝장 과학 토론을 벌인다. 모든 어려운 문제를 해결하고 결정한 〈포탄 우주선 발사 계획〉의 내용은 다음과 같다.

Q1 달 포탄과 대포의 크기는?

A1 지름 3m, 재료 알루미늄, 두께 60cm, 9,625kg

Q2 달 포탄을 쏘는 위치는?

A2 위도 0~28도

Q3 달 포탄을 쏘는 시각은?

A3 11월 30일 밤 10시 46분 40초

포탄 우주선을 완성하여 달로 쏘려는 그때 전 세계를 경악케 하는 사건이 발생했다. 바로 프랑스에서 온 예술가 미셸 아르당이 옐로우 큐와 함께 등장, 포탄을 타고 달로 가겠다고 선언한 것이다. 설상가상으로 달 포탄 프로젝트를 무산시키려는 바비케인의 경쟁자 캡틴 니콜이 상백과 나타나 바비케인에게 목숨을 건 결투를 신청한다. 다행히 아르당의 중재로 바비케인과 캡틴 니콜은 화해하고, 이들 세 사람은 포탄 우주선을 타고 달에 직접 가 보기로 결정한다.

미션을 완성했으니 현실로 돌아가야 할 텐데, 이게 웬걸? Q 배지가 작동하지 않는다.

"옐로우 큐 선생님, 왜 Q 배지가 작동하지 않죠?"

"글쎄! 어쩔 수 없다네! 우리도 함께 우주로 갈 수밖에."

"으악! 그건 안 돼요."

그렇게 옐로우 큐 일행은《지구에서 달까지》의 주인공들과 쥘 베른의 또 다른 소설《달나라 탐험》과 통하는 포탄 우주선에 몸을 싣는다.

이야기의 시작 혼돈의 출발

드디어 11월 30일, 날이 밝았다.

500만 명의 군중이 달과 지구의 만남을 보기 위해 모였다. 사람들은 이 역사적인 포탄 우주선 발사 장면을 꼭 눈으로 보겠다는 일념으로 모여 있었다. 군중의 소음 때문에 포탄 우주선에 탑승하는 일행은 바로 옆에 있는 서로에게 고함을 지르며 말을 주고받아야 했다.

서연은 동해, 백근, 상백과 대포 아래에 함께 있었다. 옐로우 큐가 신이 나서 포탄을 손으로 만졌다.

"얘들아, 너희는 기쁘지 않느냐? 우리는 달로 간다고!"

서연은 걱정스러운 마음으로 고개를 절레절레 흔들었지만, 남학생들은 기대에 찬 눈빛이었다.

바비케인은 대중의 환호를 받으며 대포 클럽 회원들과 일일이 작별 인사를 나누고 있었다. 그는 이 엄청난 과학 실험을 실행하기 위해 모든 것을 계획했다. 포탄 우주선 설계 때부터 이슈를 일으켜 전 세계를 주목시키고, 어마어마한 자금을 모으는 등 모든 난관을 뚫고 오늘에 이른 것이다.

밤 10시가 넘어가자 매스턴 대위가 갈고리 손을 흔들며 소리쳤다. 매스턴 대위는 대포 클럽의 상임 위원회 간사다. 그는 빠르고 정확한 계산 실력으로 포탄 우주선 제작에 공헌했다.

"회장님! 이제 포탄 우주선에 탑승하세요. 47분 후에는 지구를 떠나야만 합니다."

"정확히, 46분 40초."

목소리의 주인은 캡틴 니콜이다. 그는 미국 남북 전쟁 때 장갑판을 만들던 과학 기술자다. 바비케인에 대한 경쟁심 때문에 포탄 우주선 프로젝트를 비난했다가, 바비케인과 목숨을 건 결투를 앞두고 아르당의 중재로 화해하였다. 그 후 바비케인, 아르당과 함께 포탄 우주선을 타기로 했다. 캡틴 니콜은 포탄 우주선의 행로에 한 치의 오차도 허용하지 않으리라 다짐한 듯 결연한 눈빛이었다.

"매스턴, 자네는 지구에 남아서 달에 도착하는 우리를 망원경으로 보아 주게. 꼭 약속하게."

"여부가 있겠습니까? 지구의 일을 제게 맡겨 두고 회장님은 어서 포탄 우주선에 오르세요."

지구에 남아 포탄 우주선의 행로를 추적하는 임무를 부여

받은 매스턴 대위는 오른손으로 바비케인과 굳은 악수를 하고, 왼쪽 갈고리 손으로는 바비케인의 어깨를 껴안았다.

바비케인은 남북 전쟁 때 부상을 당해서 나무 의족을 하고 있는 모건 장군과 목발을 짚고 있는 엘피스턴 소령과도 인사를 나누었다. 그들 또한 대포 클럽의 회원으로 긴 시간 동안 포탄 우주선에 관해 함께 토론한 사람들이다.

서연은 그들을 보며, 참 다행이라고 생각했다. 만약 저들의 열망이 달이 아닌 전쟁으로 향했다면 세상은 엄청난 폭력에 휩싸였을 것이기 때문이다. 달 포탄 프로젝트는 전쟁에서 얻은 과학 지식으로 대포 클럽의 노하우와 명성을 유지하려는 게 목적이었지만, 결과적으로 다른 방식으로 세상에 긍정적인 기여를 한 셈이다.

바비케인이 가장 먼저 포탄 우주선으로 들어가는 기중기에 올랐다. 군중들은 역사적인 장면의 시작을 예감하며 환호성을 외쳤다. 뒤를 이어 캡틴 니콜과 아르당이 기중기로 올라왔다.

사실 목숨을 건 이 엄청난 모험은 모두 아르당 때문에 일어났다고 해도 과언이 아니다. 자유로운 예술가 아르당은 포탄을 타고 달로 가겠다고 선언하면서 전 세계 사람들의 이목을 집중시켰다.

아르당 옆에는 다이애나가 있었다. 다이애나는 포탄 발사 때 충격 완화 장치 실험을 한 개다. 다이애나라는 이름은 아르당이 붙여 주었다.

이어서 옐로우 큐와 아이들이 기중기에 오르자, 기중기는 포탄 우주선의 입구가 있는 위쪽으로 기계 소리를 내며 이동했다.

기중기가 포탄의 원뿔 꼭대기에 이르자, 미셸 아르당은 모자를 벗어 군중을 향해 마구 흔들었다. 그와 절친 사이가 된 옐로우 큐가 뒤따라 올라가 같이 손을 흔들었다. 머리부터 발끝까지 노란 옷을 입은 옐로우 큐와 머리부터 발끝까지 빨간 옷을 입은 미셸 아르당의 조화를 보고 군중들은 우스워하면서 환호했다.

"옐로우 큐 선생님, 어서 들어가세요. 곧 출발해요."

"그래, 서연 학생. 조심히 들어와."

옐로우 큐와 아르당은 아쉬운지 조금 더 손을 흔들고는 안으로 들어갔다. 서연과 동해, 백근, 상백도 차례대로 포탄 우주선 안으로 들어갔다.

포탄 우주선은 2층으로 되어 있었다. 두꺼운 완충재를 넣은 벽을 빙 둘러 소파가 놓여 있었다. 포탄 속에 있는 기구와 도구 들은 완충재로 단단히 고정되었다. 1층은 바비케인, 캡틴 니콜, 미셸 아르당이 사용할 공간이다. 엔진 점화 장치와 충격 흡수 장치가 1층에 있었는데, 바비케인과 캡틴 니콜이 이 장치를 조종해야 하기 때문이다.

서연은 2층 소파에 자리를 잡고 앉았다. 현실로 돌아가지 못하고 포탄 우주선에 타게 된 상황에 한숨이 나왔다. 하지만 우주 박물관에서 순간 이동할 때 들렸던 미션만 완수하면 Q 배지는 빛을 발할 것이고, 서연은 우주 박물관으로 돌아갈 수 있다. 포탄 우주선이 발사에 성공하면 첫 번째 목소리 미션 '광대한 우주를 만나라!'를 완수하는 것이고, 우주로 나가 지구를 보면 두 번째 목소리 미션 '미지의 우주로 가라!'를 성공하는 것이다. 하지만 아무리 기억을 더듬어 보아도 우주 박물관에서 들었던 세 번째 목소리 미션이 떠오르지 않았다. 우주로 나가 또 무엇을 해야 한단 말인가?

'에잇! 모두가 저 노란 옷을 입은 선생님 때문이야.'

서연의 마음을 알 리 없는 옐로우 큐는 신나게 떠들고 있었다.

"오, 이 긴장감! 너무 좋아. 안 그런가, 동해 학생?"

"맞아요, 선생님. 저는 진작부터 우주에 가고 싶었어요. 그리고 반드시 무중력 체험을 할 거예요."

"오! 그렇군. 무중력 체험은 나도 기대된다네."

창문 너머로 매스턴 대위와 작별 인사를 마치고 백근이 대화에 끼어들었다.

"무중력 상태에서 먹는 빵은 맛이 어떨까?"

"하하하, 백근 학생은 역시 이곳에서도 먹는 생각이로군."

옐로우 큐와 친구들이 떠드는 걸 보고, 서연은 고개를 절레절레 흔들었다.

"옐로우 큐 선생님, 이건 단순한 수학 여행이 아니에요. 얘들아, 우리 긴장 좀 하자."

"서연 학생, 우주 여행을 하게 된 걸 조금은 기뻐하자고."

"선생님, 우리는 1865년의 소설 속 우주선을 타고 있다는 것을 잊지 마세요. 그 시대의 우주선이라니! 발사가 실패하면 모두 죽는 거라고욧!"

서연의 경고에 동해와 백근의 눈이 왕방울만해졌다. 동해가 옐로우 큐 쪽으로 고개를 팩 하고 돌렸다.

"선생님, 서연이 말이 진짜예요?"

"대포로 우주선을 쏘는 데 당연히 위험하지. 하지만 걱정 마, 학생들. 이건 소설이잖아. 게다가 《지구에서 달까지》 소설에서는 포탄 우주선 발사가 성공했다네."

"후유, 그렇죠?"

서연은 친구들을 불안하게 하고 싶지 않았지만, 조금은 진중한 분위기로 이끌고 싶었다.

“선생님, 우리가 개입하는 바람에 소설 내용이 모두 달라졌다고요. 소설에서는 바비케인 회장님과 캡틴 니콜, 아르당 아저씨, 이렇게 세 명과 개 두 마리가 함께 달로 간다면서요.”

“그건 그렇네만.”

“게다가 우리는 초속 3km의 충격을 몸으로 받아야 해요. 소설이 아니라 실제로요. 시속으로 따지면 10,000km가 넘는다고요.”

“으흠, 그건 명백한 사실이네.”

옆에 앉아 있던 상백이 옐로우 큐에게 물었다.

“선생님, 충격 흡수는 확실히 되는 거죠?”

“바비케인 회장이 만들었으니 확실할 거야. 바비케인 회장의 과학 실행력은 뛰어나거든.”

말은 이렇게 했지만, 옐로우 큐의 표정에서 자신감이라고는 찾아볼 수 없었다. 덩달아 아이들도 시무룩해졌다.

그때 마침, 아래층의 세 남자가 위층으로 올라왔다.

“1층은 준비가 모두 끝났다오. 2층도 발사 준비가 다 되었소? 그런데 다들 표정이 왜 그런가?”

옐로우 큐가 대답했다.

“포탄 우주선의 발사 충격을 견딜 수 있을지 학생들이 걱정하는 겁니다, 회장님.”

바비케인이 옆에 있던 다이애나를 보고 말했다.

“걱정들 마시게. 저 다이애나가 충격에 안전할 거라는 증거 아닌가?”

건강한 모습으로 우주선 안을 뛰어다니는 다이애나를 보니 서연도 조금은 마음이 놓였다.

“이봐, 바비케인. 발사가 실패하면 내기 돈은 어떻게 되지?”

포탄 우주선을 만들 때, 발사의 성패를 놓고 캡틴 니콜과 바비케인이 내기를 한 것이다. 바비케인은 성공에, 캡틴 니콜은 실패에 1만 달러를 걸었다. 지금 돈으로 치면 1,300만 원 정도인데, 이 시절 1만 달러는 그 이상의 가치를 지니는 엄청난 거금이었다.

바비케인이 모자를 바로 쓰며 대답했다.

“내 돈은 은행에 맡겨 두었네. 만약 실패하면 우리 둘 다 세상에 없을 테니, 은행이 그 돈을 자네의 자식들에게 줄 거야.”

캡틴 니콜이 자신의 옷 윗주머니를 툭툭 치며 말했다.

“나는 여기 가지고 왔네. 실패하면 이 돈은 우리와 같이 사라지겠군."

죽음을 두고 돈 내기를 이야기하고 있다니, 두 사람 모두 대담하다 못해 철이 없다고 서연은 생각했다.

바비케인이 말했다.

"출발까지 17분 남았소. 창문의 덧문을 모두 닫으시오."

캡틴 니콜이 시계를 보며 고쳐 말했다.

"15분이오!"

다이애나와 바닥을 뒹굴며 놀던 미셸 아르당이 말했다.

"니콜, 당신은 치밀한 사람이군요. 내기 돈을 여기까지 가져오고, 시간도 정확하게 확인하고 말이에요."

캡틴 니콜이 어깨를 으쓱 올리며 말했다.

"난 정확한 것을 좋아하오. 뭐가 잘못됐소?"

"미국인은 지나치게 꼼꼼해요. 우리 프랑스인은 언제나 자유롭죠. 너도 그렇지, 다이애나?"

다이애나가 아르당의 얼굴을 마구 핥았다.

바비케인이 두 손을 들어 보이며 말했다.

"자자, 시간이 얼마 남지 않았소. 우리 모두 중대한 순간을 맞을 준비를 합시다."

옐로우 큐가 덧문이 제대로 닫혔는지 다시 확인하고 바비케인에게 보고했다.

"회장님, 2층은 출발 준비를 모두 마쳤습니다."

바비케인은 고개를 끄덕였다.

"옐로우 선생, 로켓 엔진은 작동할 준비가 됐소?"

옐로우 큐가 손가락으로 하늘을 가리키며 말했다.

"물론이죠. 포탄이 하늘로 쏘아지면 속도와 위치를 봐 가며 적절한 때에 작동시키겠습니다."

"좋소! 이제 5분 남았군. 모두 살아서 만납니다."

"4분 30초요!"

캡틴 니콜이 고쳐 말하고는 아래층 자신의 자리를 찾아갔다. 바비케인과 아르당도 옐로우 큐 일행과 인사하고는 1층으로 내려갔다.

2층에 학생들만 남자 옐로우 큐가 이번만은 진중한 표정으로 말했다.

"자, 학생들. 우리도 충격에 대비하세나. 모두 의자에 편안한 자세로 기대앉고, 안전띠를 매도록."

아이들은 서둘러 정해진 자리에 앉았다. 서연은 안전띠를 매면서 물었다.

"선생님, 별일 없겠죠?"

"걱정하지 마, 서연 학생. 괜찮을 거야."

가스등이 꺼지고 우주선 안은 깊은 암흑이 되었다.

아래층에서 캡틴 니콜이 "이제 30초!"라고 외쳤다. 밀폐된 우주선 안이지만, 500만 군중의 카운트다운 소리가 들렸다.

십, 구, 팔, 칠, 육, 오, 사, 삼, 이, 일, 발사!

옐로우 큐
과학 전 분야에 지대한 관심이 있다. 하지만 이론에만 강할 뿐 현실에서는 허당이다.
오백근
요리해서 나눠 먹는 걸 좋아한다. 우주선에서 식사를 담당한다.
천동해
바비케인을 존경하여 우주선 개발을 진심으로 도왔다.
마상백
조금은 거친 성격이다. 캡틴 니콜과 영혼의 단짝이 되었다.
민서연
과학 동아리 부장이며 과학 영재이다. 옐로우 큐와 함께 해양 박물관에서 《해저 2만 리》의 잠수함을 탔고, 생존 박물관에서 《15소년 표류기》의 무인도를 살아서 탈출했다.
늘 현실 세계로 간절히 돌아가고 싶어 한다.

1 창백한 푸른 별

일행 중 가장 먼저 깨어난 건 서연이었다. 서연은 어지러워서 고개를 좌우로 흔들었다.

다행히 포탄 우주선이 폭발하지 않았다. 바비케인 회장이 개발한 완충 장치가 무려 시속 1만 km의 충격을 버텨 낸 것이다. 이건 서울에서 부산까지 400km 거리를 2분 20초 만에 통과하는 무시무시한 속도다.

서연은 어둠 속에서 더듬거리며 일행을 불렀다.

"옐로우 큐 선생님! 동해야, 백근아, 상백아!"

"으윽, 엄청난 충격이군."

"동해니?"

"서연아, 나 여기 있어. 허리가 엄청 아파. 넌 괜찮아?"

"난 어지러워. 다른 애들은 어때?"

"글쎄, 깨워 볼게."

동해가 옆에 있는 백근을 흔들어 깨웠다.

"으…… 힘들어. 상백이는?"

"몰라, 상백이는 네가 깨워."

동해는 자신을 무시했던 상백에게 아직도 앙금이 남아 있었다. 바비케인과 캡틴 니콜이 화해했고, 상백은 동해가 숲에서 자신을 구해 준 이후로 살갑게 대했지만, 동해는 여전히 화난 감정을 풀지 않았다.

"나, 여기 있어."

상백이었다. 다행히 아이들은 모두 무사했다.

아래층에서 아르당의 목소리가 들려왔다. 바비케인과 캡틴 니콜을 깨우는 소리였다. 곧이어 1층의 가스등이 켜졌고, 불빛이 2층까지 비추면서 어렴풋이 형체가 보였다. 몸을 일으키고 있는 백근, 상백과 달리 옐로우 큐는 여전히 누워 있었다.

아르당이 2층을 향해 소리쳤다.

"위층 사람들, 모두 깨어났나요? 나의 친구 옐로우 큐는 어때요?"

서연이 얼른 아래층에 대고 소리쳤다.

"아르당 아저씨, 선생님이 아직 깨어나지 못했어요."

비틀거리며 올라온 아르당이 2층의 가스등을 켰다. 우주선 안쪽이 밝아졌다. 서연은 쓰러져 있는 옐로우 큐의 다리를 잡고 흔들었다.

"선생님! 괜찮으세요?"

바비케인과 캡틴 니콜도 올라왔다.

“서연 양, 옐로우 큐의 머리에서 피가 나고 있어.”

바비케인이 옐로우 큐를 안아 소파에 눕혔다. 머리가 놓였던 자리에 피가 약간 묻어 있었다.

“이 컵에 맞은 것 같군.”

바비케인이 바닥에 구르고 있는 금속 컵을 집어 들며 말했다.

"발사 충격이 예상보다 컸던 모양이야."

"내 친구 옐로우 큐는 괜찮은가요?"

아르당의 물음에 바비케인이 고개를 끄덕였다.

"심장이 힘차게 뛰고 있소. 선생은 잠시 기절한 것뿐이오."

지켜보던 아이들도 안도의 한숨을 내쉬었다.

"그나저나 지금 우리가 하늘로 올라가고 있는 게 맞을까?"

사람들의 시선이 모두 아르당에게로 쏠렸다.

"대포 소리를 듣지 못했거든. 포탄 우주선을 쏠 때 폭발음이 들렸어야 하는데 말이야."

"음속 때문이에요. 음속은 약 초속 340m예요. 포탄 우주선의 속도를 소리가 따라오지 못한 거죠."

바비케인이 야무지게 대답하는 서연을 보며 흐뭇한 미소를 지었다. 캡틴 니콜도 서연을 향해 고개를 끄덕이며 말했다.

"8분! 우리가 출발한 지 정확히 480초가 지났네."

"포탄 우주선의 출발 속도는 초속 3km였어."

"1,440km 상공에 있다는 것인가?"

"그렇지 않아. 중력 가속도도 고려해야지. 게다가 공기 마찰 때문에 속도가 3분의 1로 줄었을 거야. 그렇게 따지면 여기는 상공 약 479km 정도지."

우주선 안이 무척 더웠다. 서연이 벽에 걸린 온도계를 보았다.

"지금 여기 온도가 45도예요. 포탄 우주선이 공기와 마찰해서 우주선 표면 온도가 올라가고 있어요."

서연의 말에 상백이 이마의 땀을 닦으며 말했다.

"설마, 우주선이 녹아내리는 건 아니겠지?"

"걱정하지 말게. 우주로 나가면 난로를 켜야 할 거야."

대기권을 벗어나면 우주의 온도는 극도로 낮아질 것이다. 바비케인의 말대로 더위보다 추위를 더 걱정해야 한다.

"회장, 더 큰 문제가 있잖소."

"캡틴 니콜, 그건 우리끼리 해결해 보세. 서둘러야 할 거야."

바비케인과 캡틴 니콜의 심각한 표정을 보고는 아르당이 물었다.

"더 큰 문제가 뭡니까?"

"서둘러 로켓 엔진을 작동해야 하오. 안 그러면 포탄 우주선은 지구로 떨어질, 아니 곤두박질칠 것이오."

옐로우 큐는 직접 엔진 작동 장치와 안전 장치를 만들었다. 따라서 로켓 엔진을 작동시키는 버튼은 옐로우 큐만이 알고 있었다.

"오, 마이, 갓! 옐로우 큐 없이 그게 가능한 겁니까?"

"캡틴 니콜과 내가 어떻게든 해 보겠소."

서연이 앞으로 한 걸음 나섰다.

"바비케인 회장님, 저도 도울게요."

아르당과 백근이 옐로우 큐를 돌보기 위해 위층에 남고, 나머지 일행은 아래층 조종실에 모였다. 조정석 앞에는 숫자가 쓰인 원형 계기판과 검은색 손잡이의 기어, 그리고 빨간색 버튼이 여러 개 있었다. 포탄 우주선의 위기를 알리는 듯 계기판의 바늘이 눈금들을 가리키며 마구 떨리고 있었다.

서연은 조종간을 들여다보았다. 포탄 우주선을 만들 때 서연은 줄곧 옐로우 큐 선생님 옆에서 도왔지만, 복잡한 조종간은 보는 것만으로도 머리에 쥐가 날 것 같아서 자세히 알아두지는 않았다. 옐로우 큐에게 물어보지 않은 것이 몹시 후회되었다.

"선생에게 로켓 엔진 작동 법을 배웠어야 하는 건데."

바비케인도 같은 생각이었다. 바비케인이 조종간을 이리저리 살펴보며 이어 말했다.

"버튼이 세 개요. 하나는 엔진 점화, 하나는 역추진 엔진, 하나는 낙하산 버튼이오. 그런데 모두 똑같이 생겼어."

"포탄 우주선의 속도가 확실히 느려졌어. 이봐, 바비케인. 어서 엔진 점화 버튼을 눌러야 해. 그러지 않으면 내기 돈을 받아도 소용없지 않겠나?"

캡틴 니콜이 관자놀이를 엄지로 누르며 상백에게 물었다.

"어느 것이 1단 엔진 버튼일까? 넌 아는 것이 없느냐?"

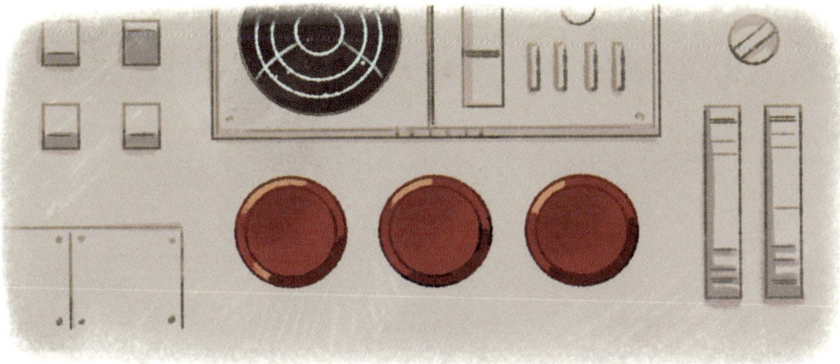

상백이 침을 꼴깍 삼키며 고개를 가로저었다.

바비케인이 옆에서 쩔쩔매는 동해에게 물었다.

"동해 군, 자네의 과학 지식으로 무엇을 할 수 없는가?"

동해 역시 모른다며 고개를 가로저었다. 동해가 알고 있는 현대의 로켓은 처음부터 엔진에서 불을 뿜으며 날아간다. 지금과 상황이 많이 달랐다.

세 개의 버튼 중 하나가 엔진 가동 버튼이다. 자신들의 운명을 33%의 확률에 걸어야 하는 것인가?

순간 서연의 머릿속에 떠오르는 것이 있었다.

"포탄이 대기권을 벗어나면 중력이 약해지니까 1단 엔진만 있으면 돼. 그리고 달에 착륙할 때에는 낙하산을 펼 거야."

"낙하산만으로 안전하게 착륙할 수 있어요?"

"추락하는 속도가 꽤 빠르다네. 낙하산만으로는 그 힘을 제어할 수 없어. 마지막에 역추진 엔진을 가동할 거라네.

이 세 개의 버튼을 순서대로 누르면 끝이라네."

서연은 기쁨의 소리를 질렀다. 바비케인이 우주선 계기판을 보다가 고개를 돌렸다.

"꺅! 기억났어요. 저기 맨 왼쪽이 엔진 가동 버튼이에요."

"확실한가? 우리 모두의 목숨이 걸려 있어."

"확실해요. 두 번째가 낙하산, 세 번째가 역추진 버튼이에요."

캡틴 니콜은 고개를 끄덕이고는 바비케인에게 말했다.

"회장도 알다시피 총명한 아이야. 아까 대포 소리를 듣지 못한 이유에 관해서도 잘 설명했잖은가."

"좋아. 이제 더는 지체할 수 없어."

바비케인은 떨리는 손가락으로 첫 번째 버튼을 눌렀다.

잠시 후, 텅 하고 소리가 울리더니 엘리베이터를 탄 듯 몸이 아래쪽으로 쏠렸다. 엔진 작용으로 포탄 우주선이 앞으로 나아가면서 관성의 힘이 작용한 것이다.

"성공이야!"

바비케인이 주먹을 불끈 쥐고는 외쳤다. 그는 창문으로 다가가서 밖을 내다보고는 일행에게 말했다.

"만일 이곳이 대기권이라면 공기에 반사되어 산란한 빛이 보여야 해. 하늘이 푸르게 보이는 이유지."

"창문 밖은 암흑이고, 별들은 보석처럼 반짝이네."

아르당이 바비케인의 말을 받아 시를 읊듯 말했다.

"그렇소! 여러분, 지금 우리는 우주에 있는 것이오."

바비케인이 선언했다. 일행은 만세를 불렀다.

"축하합니다. 회장님의 의지가 이런 성공을 만들었어요."

아르당의 말에 바비케인은 고개를 저으며 말했다.

"아니지요. 모두의 도움이 있었기에 성공한 겁니다."

서연과 동해, 상백이 창문으로 달려갔다. 칠흙 같은 우주 공간에서 별이 아름답게 빛나고 있었다.

동해가 창문 밖을 이리저리 살피다가 말했다.

"회장님, 왜 달이 보이지 않는 거죠?"

"동해 군, 우리는 달을 향해 날아가고 있어. 그렇다면 달은 어느 쪽 창문에서 봐야 할까?"

바비케인의 말에 아이들은 누가 먼저랄 것 없이 2층으로 뛰어 올라갔다. 미셸 아르당이 가장 위쪽 창문을 덮고 있는 덧문을 열어 둔 상태였다. 창문 밖에 거대한 금쟁반 같은 달이 있었다. 금쟁반에서 나오는 강한 빛이 우주선 안을 가득 채웠다. 미셸 아르당이 달을 향해 두 팔을 벌렸다.

"와아! 난 자유인이야. 난 월(月)인이야."

"아직 월인이라고 할 수는 없소."

캡틴 니콜이었다.

"니콜, 지금 이 순간만은 저를 막지 말아 주세요. 곧 월인이 되지 않겠습니까?"

캡틴 니콜의 눈에도 달빛이 가득했다. 옆에 있는 바비케인도 강인한 어깨를 들썩이며 거대한 달을 감상했다.

"달이 저렇게 크다니. 내 눈이 착각을 일으키는 것 같아."

동해가 달을 보며 감상을 말했다. 서연이 눈을 비볐다.

"나도 동감이야."

평소보다 두 배나 큰 달을 보면 누구라도 감동할 것이다.

"커다란 피자 대령이요."

백근이 침을 꼴깍 삼키고 말했다. 서연이 백근의 어깨를 쳤다.

"백근아, 이 감동을 피자로 깨지 말아 줘."

"히히, 서연아. 배 안 고파?"

"배가 고플 때가 됐지. 하지만 지금은 감동이 본능을 이기는 순간인 것 같아."

그때였다.

"나도 달이 보고 싶어!"

서연이 뒤를 돌아보았다. 옐로우 큐가 일어나 앉아 있었다.

"옐로우 큐 선생님!"

아이들뿐 아니라 어른들도 옐로우 큐에게로 다가왔다.

"옐로우 선생, 괜찮은 거요?"

"바비케인 회장님, 대체 누가 내 머리를 때렸나요?"

"선생의 머리를 때린 건 저 금속 컵이오."

옐로우 큐의 농담에 진지하게 대답한 사람은 캡틴 니콜이었다.

옐로우 큐는 천천히 일어나서 창문으로 다가갔다. 그리고 창 밖의 거대한 달을 보며 감격해 마지않았다.

"달을 보니 엔진이 잘 가동된 것 같군요."

"서연 양이 엔진 버튼을 잘 기억하고 있었소."

바비케인의 대답에 옐로우 큐가 서연을 돌아보았다.

"잘했다네, 서연 학생."

"머리는 괜찮으신 거죠?"

"물론이지."

옐로우 큐가 모두를 돌아보았다.

"자, 이젠 지구를 감상할 차례입니다."

"오, 벌써부터 가슴이 벅차려 하네."

"너무 기대는 말게, 아르당. 달과는 크기가 다를 거야."

"왜지? 지구는 달보다 크니까 더 커 보여야지."

"지구가 다르게 보이는 것은 상식이지."

캡틴 니콜이 아래층으로 내려가며 말했다. 바비케인이 고개를 끄덕였다. 아르당이 바비케인의 팔을 잡고 물었다.

"회장님, 도대체 무슨 소립니까?"

"지구는 초승달 모양으로 보일 것이오. 옐로우 선생의 말은 지구 전체를 보지 못한다는 말이오."

"어떻게 보지도 않고 그걸 알 수 있죠? 이 아르당은 이해할 수 없군요."

"아르당, 이제부터라도 천체 물리학을 공부해 보시오."

짧은 말을 마치고 바비케인도 아래층으로 내려갔다.

"나는 전혀 모르겠다고요."

아르당은 자신의 머리를 쥐어뜯었다.

"어린 친구들, 자네들은 무슨 말인지 알겠는가?"

동해가 놀리듯 바비케인처럼 근엄한 표정으로 말했다.

"이제부터라도 천체 물리학을 공부하시죠, 아르당 아저씨."

"모두 이러기야?"

서연이 웃으며 말했다.

"하하, 아르당 아저씨. 제가 알려 드릴게요. 달은 태양 빛을 반사해서 빛을 내는 거예요. 지금처럼 보름달을 보려면 태양, 지구, 달 순서로 배치되어야 해요. 지구와 달 사이에 있는 포탄 우주선에서 우리가 지구를 보면 어떨까요?"

"포탄 우주선이 지구고, 지구가 달이라고 생각하면?"

아르당이 손가락을 깨물다가 말했다.

"에잇, 모르겠다. 직접 눈으로 확인하자."

아래층에서는 바비케인과 캡틴 니콜이 바닥의 패널을 걷고 있었다. 이내 바닥의 유리가 드러났고, 초승달 모양의 지구를 볼 수 있었다.

초승달 모양의 지구는 아름다웠다. 푸른색 공기층에 떠 있는 하얀 구름도 보였다. 달과는 또 다른 감동이었다.

"오! 달아, 미안하다. 지구가 달보다 아름답다는 사실은 변할 것 같지 않아."

아르당의 감상이었다. 옆에 있던 옐로우 큐가 말했다.

"창백하고 작은 푸른 점이 아니라 창백하고 푸른 초승달이네요!"

"무슨 소린가, 옐로우 친구?"

"아, 지구가 푸른색이잖은가. 우주에서는 지구가 창백하고 작은 푸른 점으로 보일 거라고 생각했다네."

"이런, 과학자인 줄 알았더니 자네, 시인이구먼."

사실, 옐로우 큐의 말은 《코스모스》를 쓴 현대 천문학자 칼 세이건이 우주에서 본 지구를 표현한 말이다. 하지만 이 시대는 칼 세이건이 태어나지도 않은 때이다.

백근과 아르당이 식당에서 요리가 담긴 접시와 포도주, 빈 잔 여러 개를 가져왔다.

"여러분, 포탄 우주선의 발사 성공과 저 작고 푸른 지구를 위해 모두 잔을 듭시다."

"그 전에!"

캡틴 니콜이었다. 그는 자신의 윗옷 주머니에서 지폐 다발을 꺼내서 바비케인에게 건넸다.

“여기 1만 달러네. 포탄 우주선 발사는 성공이야.”

바비케인은 돈을 받으며 고개를 끄덕였다.

“영수증은 반드시 써 주게나.”

“역시 캡틴 니콜 자네는 철두철미하군. 당연히 써 줘야지.”

“그 돈은 이제 쓸 일이 없을 거라고요. 그러니 영수증도 필요 없을 거예요.”

아르당이 눈이 튀어나올 듯 소리쳤다. 그 모습을 보고 모두들 웃음을 터뜨렸다.

“자, 이제 잔을 들어 성공을 자축하세.”

어른들은 포도주 잔을, 아이들은 포도주스 잔을 들었다.

모두 즐거워할 때 서연은 의자를 빼고 앉았다. 바비케인의 책상 위에 〈달나라 탐험〉이라고 쓰인 연구 노트가 보였다.

서연은 문득 옐로우 큐 선생님의 책장이 떠올랐다.《지구에서 달까지》책 옆에 꽂혀 있던 책이《달나라 탐험》이었다.

서연은 포도주를 마시고 감상에 취해 있는 옐로우 큐를 불렀다.

“선생님, 옐로우 큐 선생님. 지금까지 우리가 쥘 베른의 소설《지구에서 달까지》속으로 들어온 거라고 하셨잖아요? 혹시 그 소설에서 이어지는 또 다른 소설이 있나요?"

"그렇다네. 쥘 베른은 바비케인, 캡틴 니콜, 아르당이 포탄을 타고 달을 향해 날아가는 소설《달나라 탐험》도 썼다네."

서연은 자신의 이마를 탁 하고 때렸다. 소설이 이어지기 때문에 포탄 우주선을 만들고도 지구로 돌아가지 못했던 거다. 그 소설은 목소리 미션과 관계 있는 것이리라. 소설의 내용만 알면 모든 게 분명해질 터였다.

"서연 학생, 무슨 일 있는 거야?"

"지금 우리가 달로 가고 있잖아요. 그 말은 여기가《달나라 탐험》소설 속이라는 거예요!"

"그래? 그럼 달나라 탐험을 마쳐야 우리 임무가 완성되겠군."

"맞아요. 선생님, 책은 읽으셨죠?"

"읽긴 했는데 기억이 가물가물해."

"제발, 선생님 기억을 떠올려 보세요."

옐로우 큐의 수업노트 **01**

우주의 탄생과 태양계

초5-1 태양계와 별 | 중3 태양계

우주는 어떻게 만들어졌을까?

우주가 팽창한다는 소리를 들었어.

그럼 과거로 가면 한 점이 되겠네?

그건 말도 안 돼. 우주가 점이라니.

우주는 역시 미스터리해.

1. 우주의 탄생

우주는 어떻게 만들어졌을까? 과학자들은 약 138억 년 전에 빅뱅Big Bang이 있었다고 해. 빅뱅은 대폭발이야. 특이점singularity이란 일반 상대성 이론에서 부피가 0이고 밀도가 무한대가 되어 블랙홀이 되는, 즉 질량체가 붕괴되는 이론점을 말해. 특이점의 대폭발로 생긴 원시 우주는 폭발 후 짧은 시간 동안 급격히 팽창하다가 온도와 밀도가 빠르게 떨어지면서 형성되었다고 해.

만약 지구를 콩알처럼 축소한다면? 콩알의 무게가 지구의 무게랑 같다고 생각하면 블랙홀의 밀도를 상상할 수 있을 거야.

왜 이런 이야기를 하냐고? 빅뱅이 일어난 특이점은 원자보다 작은 점에 우주의 모든 물질들이 모여 있어야 하기 때문이야. 이 초고온, 초고밀도 상태의 점이 대폭발을 시작으로 팽창하면서 지금 우주가 만들어진 거란다.

과학자들은 왜 빅뱅 우주론을 주장할까? 에드윈 파월 허블Edwin Powell

Hubble은 천체 망원경을 이용해 별까지의 거리를 측정했어. 허블은 지구에서 관찰하는 모든 은하가 우리 은하로부터 멀어진다는 것을 발견했어. 그리고 멀리 있는 은하일수록 더 빨리 멀어진다는 것을 알게 되었어.

풍선에 별 스티커를 붙이고 크게 불면, 모든 별 스티커는 서로 멀어져. 이처럼 우주의 은하들이 서로 멀어진다는 것은 우주가 팽창하여 공간이 점차 커진다는 뜻이야.

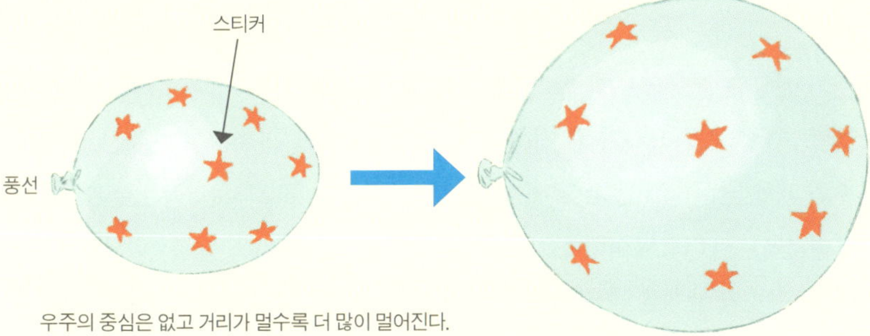

우주의 중심은 없고 거리가 멀수록 더 많이 멀어진다.

우주 팽창 실험

우주 팽창 이론 가상도

2. 빅뱅의 증거

빅뱅 이론에 따르면, 우주는 매우 뜨겁고 밀도가 높은 상태에서 시작되었다고 했잖아. 초기 우주는 플라즈마 상태로, 전자와 양성자가 결합하지 못하고 자유롭게 움직이는 상태였어. 약 38만 년 후 우주가 충분히 냉각되면서 전자와 양성자가 결합하여 중성 원자가 형성되었지. 이 시점부터 빛은 물질과 상호 작용하지 않고 자유롭게 이동할 수 있게 되었고, 이 빛이 현재의 우주 배경 복사로 관측되는 거야.

우주 배경 복사는 다음과 같은 이유로 빅뱅의 중요한 근거가 돼.

첫째, 우주 배경 복사는 거의 완벽한 흑체 스펙트럼을 보여 줌으로써 초기 우주가 매우 뜨겁고 밀도가 높은 상태였다는 걸 말해 줘.

둘째, 우주 배경 복사가 전 방향에서 거의 균일하게 관측된다는 것은 초기 우주가 매우 균질하고 등방(기체, 액체, 유리 따위로 된 물체의 물리적 성질이 물체 내의 방향에 따라 다르지 아니하고 같음.)적이었다는 걸 의미해.

셋째, 우주가 팽창함에 따라 초기의 빛은 팽창과 함께 적색편이(천체 따위의 광원이 내는 빛의 스펙트럼선이 파장이 긴 쪽으로 밀리게 되는 현상. 파장이 표준적인 것보다 긴 쪽은 붉은색 쪽으로 치우쳐 보인다.)되었고, 현재는 마이크로파에서 관측되는데, 이것은 우리가 약 138억 년 전의 우주를 볼 수 있게 해 줘.

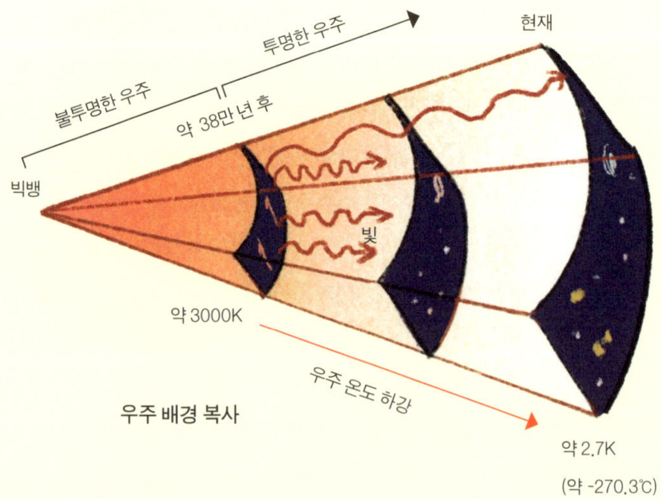

우주 배경 복사

3. 태양계 생성

우리는 밤 하늘의 모든 천체를 별이라고 하지만 정확히 구별할 필요가 있어. 별은 스스로 빛을 내는 천체를 말해. 바로 태양이 진짜 별이지.

태양계가 만들어진 것을 이해하려면 먼저 별의 탄생 과정을 알아야 해. 별은 핵융합 반응을 통해 탄소를 만들어 내. 생명체를 구성하는 탄소, 질소, 산소 등의 원소들과 철을 포함해 철보다 가벼운 26가지 원소들이 모두 별에서 만들어지지.

1,000만 개~100조 개에 달하는 별들이 중력으로 묶여 무리를 이루어 은하라는 거대한 천체를 구성해. 우리 은하에는 수천 억 개의 별이 있고, 우주에는 또 수천 억 개의 은하가 존재한다는 걸 알고 있니? 정말 상상조차 할 수 없는 규모야. 그러므로 우리 태양계는 거대한 우주의 일부에 불과해.

약 46억 년 전, 우리 은하의 한 변두리에서 성운이 중력 수축을 하면서 원시 태양계가 만들어졌어. 중심부에서 핵융합 반응이 이루어져 새로운 별 '태양'이 되었고, 태양 외부에서는 여러 물질이 뭉쳐 수많은 미행성체가 되었지. 이 미행성체들이 계속해서 충돌하고 합쳐지면서 원시 행성계를 형성한 거야. 수성, 금성, 지구, 화성, 목성, 토성, 천왕성, 해왕성이 모두 이렇게 만들어진 거란다.

태양계 행성

2 달에는 사람이 살지 않는다

포탄 우주선은 달을 향해 날아가고 있었다.

우주선 안은 조용했다. 지구의 대기권을 성공적으로 벗어난 일행은 그동안 긴장했던 마음을 내려놓고 깊은 잠에 빠져 있었다.

꼬끼오!

서연은 꿈결에 닭 우는 소리를 들었다. 이어서 누군가 얼굴을 마구 핥는 느낌이 들었다. 눈을 떠 보니 얼굴 가까이 다이애나가 있었다.

"다이애나?"

다이애나는 서연의 얼굴에 자신의 얼굴을 대고 비볐다. 서연은 다이애나의 얼굴을 두 손으로 쓰다듬었다.

꼬끼오!

그때, 또 닭 우는 소리가 들렸다.

몸을 일으키자 뼈 사이사이에서 통증이 전해졌다. 서연은 앓는 소리를 하며 일어나서 잠들어 있는 사람들을 흔들어 깨웠다.

아르당이 2층으로 올라왔다.

"꼬끼오! 우주의 이방인들, 아침 해가 떠올랐다네!"

옐로우 큐가 기지개를 켜며 대답했다.

"내 친구 아르당, 여긴 우주야. 해는 항상 우리 아래쪽에 있다네. 아침 해는 뜰 수 없다고."

"나 미셸 아르당의 마음에는 해가 매일 뜬다고. 그리고 해가 뜨면 닭은 울지. 꼬끼오!"

뒤이어 바비케인과 캡틴 니콜이 올라왔다. 둘의 표정이 좋지 않았다.

"회장님? 캡틴 니콜 아저씨? 무슨 문제가 있나요?"

바비케인 회장이 손을 입술에 대고 헛기침을 한 번 했다.

"어험, 중대 회의를 시작합시다."

바비케인은 늘 침착한 표정이었는데 이때만큼은 심각한 얼굴이었다.

“목숨을 지키기 위한 회의지.”

캡틴 니콜이 덧붙였다. 목숨을 지키다니, 뭔가 심각한 문제가 생긴 게 분명했다.

포탄 우주선 2층 소파에 둘러앉은 일행은 창밖의 달을 보았다. 달이 점점 가까이 다가오고 있었다. 이제 달은 창문과 맞닿을 만큼 가까웠다. 바비케인이 캡틴 니콜에게 말했다.

“캡틴 니콜, 지금 시각을 말해 주겠나? 아, 물론 지구 시간으로 말이야.”

캡틴 니콜은 자신의 손목시계를 보았다.

“지구 시각으로 12월 1일 오전 5시를 지나고 있네.”

지구에서 앙숙이던 바비케인과 캡틴 니콜은 그간 달을 연구하며 친구가 되어 있었다.

“원래 계획대로라면 19시간 뒤 우리는 저 달의 한복판에 착륙해야 하지.”

착륙이라는 말에 아르당이 손뼉을 쳤다.

“오! 드디어 우리가 월(月)인이 되는 군요.”

“안타깝지만, 자네의 소원은 이루어지지 않을 걸세.”

“왜요? 우리는 달로 가는 최초의 지구인이 되는 거잖아요.”

바비케인이 고개를 설레설레 흔들며 자책했다.

"발사를 성공했다는 기쁨으로 모두가 들떠 있었어. 우리는 꼬박 하루를 더 자고 말았소."

"그게 무슨 상관입니까? 달은 저기 있잖아요."

아르당이 가리킨 곳에 달이 있었지만 그것은 달의 윗면 즉, 달의 북극이었다. 캡틴 니콜이 아르당의 어깨에 손을 올렸다.

"경로를 벗어났소. 우리는 달로 가고 있지 않아요, 아르당."

옐로우 큐가 창문으로 가서 이리저리 살피며 말했다.

"아무래도 엔진 가동이 조금 빨랐나 봅니다."

"우리가 계산한 수치도 그렇게 말하고 있소."

캡틴 니콜은 수학식이 가득 적힌 종이를 흔들어 보였다. 철두철미한 바비케인과 캡틴 니콜이 포탄 우주선의 궤도 계산을 해 둔 종이였다.

"안 돼! 달에 가야 한다고. 옐로우 친구, 무슨 방법이 없나?"

미셸 아르당이 옐로우 큐에게 달려들어 어깨를 잡고 마구 흔들었다.

"캑캑, 이것 좀 놓고 말하게."

서연과 아이들이 깜짝 놀라 아르당의 팔을 잡았다.

백근이 콜록거리는 옐로우 큐를 부축했다.

"선생님, 괜찮아요? 왜 이리 힘이 없어요?"

"괜찮네, 콜록콜록."

서연은 옐로우 큐를 걱정하며 아르당을 보고 말했다.

"아르당 아저씨, 진정하세요. 선생님은 허약 체질이에요."

아르당은 그제야 흥분을 멈추고 달을 바라보았다.

"그럼 어디로 갑니까? 이 포탄 우주선은 어디로 가나요?"

바비케인이 뒤에서 엄숙한 목소리로 말했다.

"포탄 우주선은 달의 위성이 되어 포물선 운동을 할 거요."

"위성? 포물선? 복잡해요. 간단히 말해 줘요. 포탄 우주선이 어디로 간다는 겁니까?"

"달의 뒷면!"

답을 재촉하는 아르당에게 캡틴 니콜이 짧게 대답했다. 동해가 창밖의 달을 가리키며 덧붙여 설명했다.

"달이 지구를 돌며 공전하는 것처럼, 포탄 우주선이 달을 공전할 거라는 말이에요. 맞죠, 바비케인 회장님?"

"그렇다네, 동해 군. 우리는 달의 북극을 돌아 달의 뒷면으로 가는 중이야. 달의 중력에 붙잡히면 탈출하기가 어려워."

그 말을 듣고 있는 아르당의 표정이 시시각각 변했다. 서연과 아이들은 아르당이 또 달려들까 봐 옐로우 큐를 둘러쌌다.

그때 아르당이 두 손을 번쩍 들면서 외쳤다.

"만세! 우리는 최초로 달의 뒷면을 보는 사람이 될 거야."

옐로우 큐가 합세했다.

"오, 친구. 달의 뒷면이라면 나도 보고 싶다네."

"저도요. 달의 뒷면에 사는 외계인을 보러 가자고요."

백근이 뛰어나가 아르당과 옐로우 큐의 손을 잡고 빙빙 돌았다. 마치 셋이 강강수월래를 하는 것 같았다.

바비케인 회장과 캡틴 니콜의 입술은 굳게 닫혀 있었다. 동해가 바비케인을 올려다보며 물었다.

"바비케인 회장님은 새로운 여행 경로가 싫으세요?"

"달의 뒷면을 보는 것은 매우 진기한 기회지."

"니콜 아저씨는요? 싫으신 거예요?"

상백의 물음에 캡틴 니콜이 고개를 가로저었다.

"나도 달의 뒷면을 보고 싶다네, 상백 군. 우리가 아는 월면도(달의 모습을 나타낸 지도)는 모두 달의 앞면뿐이니까."

바비케인 회장이 겉옷 안주머니에서 소형 망원경을 꺼내 창문의 달을 보았다.

"달의 뒷면은 어둡겠지만, 망원경으로 잘 관찰할 수 있을 거야. 우리가 달의 뒷면을 보는 최초의 지구인이 되겠지."

"최후의 지구인이기도 하고 말이야."

캡틴 니콜이 대꾸했다.

"이봐, 니콜. 우리 긍정적으로 생각하세."

"좋아, 바비케인. 우리가 달의 뒷면을 보는 최초의 지구인이니 막중한 책임을 가지고 월후(後)면도를 그리세."

"그래. 우리가 완성한 월후면도를 작은 포탄에 넣어 지구를 향해 쏘는 거야. 지구에 남은 매스턴 대위가 우리를 지켜보겠다고 약속했으니, 월후면도를 실은 포탄을 반드시 발견할 걸세."

"월후면도가 지구인들에게 공개되겠지? 지도 뒷면에 내 이름을 꼭 적어 주게."

"후후후, 매스턴이 어련히 알아서 넣지 않겠나? 매스턴은 지도에 우리의 이름을 새겨 넣고 우리의 용기와 희생이 헛되지 않도록 사람들에 알릴 거야."

바비케인과 캡틴 니콜은 불안한 상황에서도 희망적인 이야기를 했다. 캡틴 니콜이 환하게 웃으며 상백의 어깨를 강하게 감싸안았다.

"나를 믿고 여기까지 온 상백 군의 이름도 잊지 말게."

"당연하지. 여기 포탄 우주인 모두의 힘이야."

지구에서 포탄 우주선을 만들 때처럼 잘 도와 달라며 바비케인이 동해의 손을 잡았다.

바비케인과 캡틴 니콜이 악수를 했고, 둘은 월후면도를 그리겠다는 새로운 계획을 모두에게 발표했다.

"우리도 최선을 다해 두 분을 돕자."

상백이 동해에게 손을 내밀었다. 동해는 떨떠름한 표정을 지으며 악수 대신 손만 살짝 마주 쳤다.

그런 동해를 백근이 잡아 원 안으로 끌어들였다. 상백이 캡틴 니콜과 바비케인을 강강수월래 속으로 이끌었다. 이제 강강수월래의 원은 우주선을 가득 채울 정도로 커졌다.

서연만이 원 밖에서 이들을 지켜보았다. 서연의 눈에는 웃음에 가려진 바비케인과 캡틴 니콜의 근심이 보였다. 서연은 둘의 마음을 짐작할 수 있었다. 바비케인 회장은 포탄 우주선이 달의 위성이 된다고 했다. 그건 우주선이 달 주변을 영원히 돈다는 말이다. 우주선에 비축해 둔 식량과 물은 지구로 돌아갈 것을 계산하고 실은 양이다. 이것이 모두 떨어지면, 일행을 기다리는 건 죽음이리라.

백근이 홀로 있는 서연에게 다가왔다.

"서연아, 너무 걱정하지 마. 모두 잘될 거야."

"백근아, 우리 포탄 우주선에 식량이 얼마나 있어?"

"3개월 동안 사용할 양을 준비했어. 물도 식량도 에너지도 말이야."

"포탄 우주선의 수명이 3개월 남은 거네."

서연은 이렇게 말했지만 포탄 우주선 안에서 죽지 않을 수 있는 방법 또한 알고 있었다.

서연은 덩실덩실 춤을 추는 옐로우 큐를 잡아끌고 2층으로 올라갔다.

"서연 학생, 한참 즐거운데 왜 불렀어?"

"선생님, 엔진을 가동할 수 있는 에너지가 남아 있죠?"

"그렇다네. 아까 말하려 했는데 아르당이 덤벼서 흔드는 바람에 말하지 못했어."

"그럼 달에 착륙할 수 있는 거죠?"

"당연하지."

"선생님, 그 말을 아무에게도 하지 않겠다고 약속해 주세요."

"왜?"

"그걸 알면 저 세 분은 다시 달로 방향을 바꾸어서 착륙하겠다고 할 거예요."

"저들은 달나라 사람이 되겠다고 선언했어. 달에 착륙하는 게 목표라고. 뭐가 문젠가?"

"으이구, 선생님!"

옐로우 큐가 귀를 막았다.

"나 귀 안 먹었다네, 서연 학생."

서연이 내지른 소리를 듣고 아래층에서 백근의 머리가 쑥 올라왔다.

"서연아, 왜 그래?"

"아무 일도 아니야. 선생님이랑 할 이야기가 있어. 걱정 말고 내려가서 하던 일을 해."

백근은 활짝 웃으며 올라오더니 식재료를 뒤졌다.

"잊었어? 나 오백근은 포탄 우주선의 요리사야. 이제 여기서 식사를 준비해야지."

"서연 학생, 백근 학생은 입이 무거우니까 말해도 괜찮아."

서연은 백근을 보며 진지하게 말했다.

"지금 우리끼리 하는 말, 다른 사람들에게는 절대 비밀이야. 알겠지?"

백근도 옐로우 큐도 고개를 끄덕였다.

"선생님, 달에 사람이 사나요?"

"서연 학생, 그런 말도 안 되는 질문은 왜 하는 거야? 당연히 사람이 안 살지."

"그런데 저들은 달에 사는 사람을 만나러 가겠다잖아요."

옐로우 큐 대신 백근이 말했다.

"서연아, 네가 뭘 걱정하는지 알겠어. 회장님과 아저씨들이 달에 도착하는 걸 막으려는 거잖아."

"맞아, 백근아. 선생님, 달에 착륙하면 바비케인, 니콜, 아르당 모두 죽는다고요. 지구로 돌아갈 연료가 없잖아요."

옐로우 큐가 새삼 현실을 깨닫고는 눈이 왕방울만해졌다.

"오! 그렇구나.《달나라 탐험》소설이 어떻게 끝나는지 기억나지 않지만, 친구들을 달에서 죽게 할 수는 없어. 어떡하지?"

"남은 연료로 방향을 틀어야죠."

"어디로?"

서연 대신 백근이 대신 입을 열었다.

"당연히 창백한 푸른 점 지구죠."

"지구로 간다고?"

"선생님, 우리는 우주 박물관의 목소리 미션을 마쳐야 하잖아요. 미션을 생각해 보세요. 첫째, 광대한 우주를 만나라."

옐로우 큐는 고개를 끄덕였다.

"그렇지. 과학 지식을 총동원해서 불가능한 일을 가능하게 만들었지. 결국 포탄 우주선을 쏘아서 우리가 여기 있잖니."

"둘째, 미지의 우주로 가라."

"옳거니, 그것도 미션 완료!"

"하나가 더 있었던 것 같은데, 기억나세요? 백근아, 기억나?"

옐로우 큐와 백근이 고개를 절레절레 흔들었다.

"제 생각에는 분명 저들을 안전하게 지구로 돌려보내라는 걸 거예요!"

"그게 이치에 맞겠지."

옐로우 큐는 고개를 격하게 끄덕였다. 뭔가 차근차근 일이 진행되는 것 같아 서연은 자신감이 솟았다.

그때, 옐로우 큐의 주머니가 밝게 빛나는 것 같았다.

“선생님, Q 배지요. Q 배지를 꺼내 봐요.”

옐로우 큐가 주머니에서 Q 배지를 꺼냈다. 왠지 Q 배지가 빛을 품고 있는 것 같았다.

“오, 서연 학생. 이거 빛나는 것 같은데?”

"남은 미션은 저들을 지구로 안전하게 돌려보내는 것이 맞나 봐요."

"하지만 저들의 성향을 보면 쉽지 않을 거야."

"선생님이 안 계실 때 대포 클럽의 포탄 실행 위원들은 세 차례에 걸친 끝장 과학 토론을 했어요. 거기서 동해와 제가 알고 있는 현대 과학 지식을 총동원해서 포탄 우주선 개발을 도왔어요. 저분들은 달로 가는 것을 포기하지 않을 거예요. 이제부터는 옐로우 큐 선생님의 역할이 중요해요."

옐로우 큐가 손가락으로 자신의 얼굴을 가리켰다.

"내가? 내가 뭘 하지?"

"달로 못 가도록 과학 이론으로 설득해야죠. 우주에서 본 것을 지구인에게 알려서 우주 과학 발전에 기여하라고 말이에요."

서연의 말을 듣고 옐로우 큐는 과학 커뮤니케이터로서의 의무감이 불끈 솟아 올랐다.

"좋아. 저들이 인류의 과학 발전에 공헌하도록 내가 나서 볼게."

백근이 프라이팬을 들고 흔들었다.

"저는 맛있는 요리로 여러분의 건강을 챙기고, 식량 조절도

철저히 하겠습니다."

셋은 손을 모아 하이파이브 했다.

"선생님, 이번 여행에서 Q 배지는 제가 가지고 있을게요."

옐로우 큐가 고개를 끄덕였다.

"백근 요리사, 식사는 멀었나?"

아래층에서 배고프다며 백근을 채근하는 아르당의 목소리가 들렸다.

"곧 됩니다!"

백근이 큰 소리로 대답했다. 서연이 옐로우 큐에게 다시 한 번 다짐을 받았다.

"달에는 사람이 살 수 없으니 꼭 지구로 돌아가야 한다고 설득하세요. 아셨죠?"

옐로우 큐도 말없이 고개를 끄덕였다.

백근이 준비한 딱딱한 빵과 차로 식사를 할 때였다. 몸의 느낌이 이상했다. 상백이 자신의 가슴을 치면서 말했다.

"가슴이 울렁거리는데 나만 그런가?"

캡틴 니콜이 상백의 등을 쓰다듬었다.

동해가 목을 이리저리 움직여 보며 말했다.

"나도 이상해. 속이 울렁거리는 것 같아."

"우리는 지구와 달 사이 57분의 47 부분까지 날아온 거요. 31만km를 날아온 거지."

동해가 바비케인을 올려다보며 물었다.

"그게 무슨 뜻이에요, 회장님?"

캡틴 니콜이 바비케인 대신 짧게 대답했다.

"중립점."

미셸 아르당이 벌떡 일어나 기대에 찬 표정으로 물었다.

"중립점이 뭔가요? 무슨 일이 일어나는 거죠?"

"곧 무중력 상태에 도달한다네, 친구."

옐로우 큐가 신나는 표정으로 대신 말해 주었다. 미셸 아르당이 두 손을 번쩍 들었다.

"냐하하, 곧 재미있어질 거야. 만세, 무중력 만세."

아르당의 말이 끝나자마자 식탁에 놓인 빵 하나가 공중으로 떠올랐다. 곧이어 주전자가 떠오르더니 공중에서 멈췄다.

"저를 좀 보세요."

동해의 몸이 둥실 떠올랐다. 이어서 상백과 백근의 몸도 가볍게 올라갔다.

서연은 벽을 짚으며 공중으로 올라갔다. 사고가 생기지 않을까 조마조마했다.

"우하하! 서연아, 날 잡아 봐라."

동해가 벽과 책상, 소파를 차면서 이리저리 날아다녔다.

"위험해. 조심해, 동해야."

"난 슈퍼맨이다."

상백이 벽을 박차고 날아오르며 말했다.

"좋아. 내가 슈퍼맨을 잡아 주지."

동해가 그런 상백을 힐끔 보더니 입술을 삐죽 내밀고는 헤

엄치듯 1층으로 내려갔고, 상백이 장난스럽게 동해를 쫓았다. 미셸 아르당과 옐로우 큐는 서로 자랑하듯 공중제비를 하며 방정맞게 웃어 댔다. 아이들만큼이나 신나 보였다.

서연도 짚고 있던 벽에서 손을 떼 보았다. 조금 무서웠지만 무중력 체험은 아무 때나 할 수 있는 것이 아니다. 서연은 허공에서 다리를 휘저었다. 마치 물에서 발장구를 치는 것처럼 재미있었다.

바비케인과 캡틴 니콜은 진지한 표정으로 무중력 실험에 열중했다. 무게가 다른 물건을 던져 비교해 보고, 물도 떨어뜨려 보았다. 그리고 종이에 물건 하나하나의 상태를 기록했다.

캡틴 니콜이 실험 결과를 보며 바비케인에게 물었다.

"곧 달의 중력이 작용할 거야. 달에 떨어진다면 어떨까?"

"달의 인력은 지구의 6분의 1밖에 안 되네."

"그럼 내 몸무게가 13킬로그램밖에 안 되겠군."

"그렇지. 하지만 우리가 달에서 몸무게를 측정하는 일은 없을 거야."

"물론 그렇겠지. 우리는 달의 위성이 될 테니까."

역시 둘은 과학자였다. 무중력 체험에 흥분할 만도 한데 이 순간에도 과학 원리를 이야기하고 있으니 말이다.

얼마 지나지 않아 포탄 우주선의 속도가 빨라졌다. 달의 인력이 작용하기 때문이었다. 무중력은 사라지고 사람들은 제자리로 돌아와 자리에 앉았다.

서연은 옐로우 큐, 백근과 눈짓을 주고받았다. 지구로 돌아가자고 설득하는 자리를 마련하자는 것이었다. 옐로우 큐가 커다란 월면도를 찾아 가져왔다. 달을 확대한 그림이었다. 옐로우 큐가 그림을 펼쳐 놓고 바비케인에게 물었다.

"회장님, 달의 월면도는 어떻게 만들어진 건가요?"

"갈릴레오 갈릴레이 이후 위대한 과학자들이 망원경을 개량하여 이런 월면도를 완성했소."

월면도와 실제 가까이 있는 달을 비교하는 것은 새로운 감동이었다. 서연이 바닥의 창을 통해 거대한 달을 보며 말했다.

"크레이터가 정말 멋있어요."

"저건 코페르니쿠스 화산이네."

바비케인이 달의 어두운 바다 가운데 있는 커다란 곳을 손으로 가리켰다.

"그건 화산이 아니라 운석 충돌로 생긴 크레이터예요."

서연이 바비케인의 의견을 고쳐 말했다.

"서연 양은 나와 처음 만났을 때도 달의 화산은 운석이 충돌한 흔적이라고 했지. 이름이 정확히 뭐라고?"

"크레이터요."

"그래, 그럼 코페르니쿠스 크레이터의 높이를 아는가?"

서연은 고개로 가로저었다. 지구의 유명한 산들의 높이는 알았지만, 달에 있는 크레이터 높이는 들어 본 적이 없었다.

"과학자들은 초승달이 보름달로 변해 가면서 생기는 그림자를 이용하여 코페르니쿠스 화산 높이를 구했다네. 지름은 약 90km이고 중앙 높이가 1,200m인 산이지. 지구의 화산처럼 봉우리의 안쪽이 움푹 파인 모양이야."

"화산이고말고."

바비케인 뒤에서 보고 있던 캡틴 니콜도 동의했다.

달에 공기가 없다는 것을 알리기 위해 이 시대 과학자에게 가장 먼저 설명해야 할 것은 달의 운석 충돌과 그로 인해 만들어진 크레이터에 관한 것이다. 서연의 머릿속에 좋은 생각이 떠올랐다.

"물에 돌멩이가 떨어지면 주변의 물이 왕관 모양을 만든다는 건 아시죠? 그것처럼 달에 거대한 운석이 떨어지면 화산 같은 왕관 모양이 생겨요. 충돌로 발생하는 높은 온도와 충격 때문에 그런 모양이 생기는 거죠."

바비케인이 고개를 끄덕였다.

"강력한 대포가 땅에 떨어지면 구덩이가 파이고 주변으로 둔덕이 생기지."

"맞아요. 그거예요. 그런데 달에는 공기가 없으니까 모양이 흐트러지지 않고 파인 상태를 유지하는 거예요."

"달에 공기가 없다는 증거가 있나?"

서연이 설명하기에는 어려운 질문이었다. 옐로우 큐가 서연 대신 나섰다.

"달의 극지방에 소량의 공기와 얼음이 있다고 알려져 있습니다. 그런데 바비케인 회장님, 달에는 지구만큼의 공기가 없답니다."

바비케인은 입을 앙다물었고, 대신 캡틴 니콜이 물었다.

"공기가 없다? 달에 사람이 살지 않는다는 것이오?"

"안타깝지만 그렇습니다."

"거짓말이지, 친구? 달에 사람이 살지 않는다니 믿을 수가 없어."

옐로우 큐의 말에 미셸 아르당이 소리쳤다.

"달에 사람이 있다면, 그들도 지구와 연결할 방법을 찾지 않았을까요? 포탄을 쏘았을 수도 있고 말입니다."

팔짱을 끼고 가만히 듣고 있던 바비케인이 입을 열었다.

"달은 지구 중력의 6분의 1이야. 달에 사는 사람이 지구와 연결하기 위해 포탄을 쏜다면, 그건 지구에서 달로 포탄을 쏘는 것보다 쉬운 일이야. 지구에서는 중립점까지 31만km지만, 달에서는 7만km지. 7만km까지만 포탄이 날아가면 그 이후로는 지구의 인력이 포탄을 끌어당길 테니까."

캡틴 니콜이 바비케인을 보았다.

"자네, 옐로우 큐 선생의 말을 인정하는 건가?"

"나는 편견 없이 생각하고 싶네. 달에 공기가 없다면, 서연 양 말대로 달의 저 어두운 부분은 화산이 아니라 크레이터일 거야."

바비케인은 서연을 돌아보았다.

"서연 양, 자네가 말한 운석 충돌 이론을 연구하고 싶네."

역시 바비케인 회장은 합리적인 과학자였다. 당시에는 당연했던 달의 구덩이가 화산이라는 이론을 의심하고 연구로 증명해 보려 하니 말이다.

"네, 회장님. 회장님이 의미 있는 결과를 얻을 수 있도록 돕겠습니다."

과학 이론을 설명하기 좋아하는 옐로우 큐는 신이 났다. 옐로우 큐의 설명을 끝까지 듣고 있는 사람은 서연이 아는 한 이들이 처음이었다. 그 후로도 오랫동안 달에 대한 토론이 계속되었다.

바비케인 회장과 캡틴 니콜은 옐로우 큐의 과학 지식 수준이 뛰어난 것을 알고는 여러 가지 질문을 했고, 옐로우 큐는 최대한 알기 쉽게 설명했다.

"회장님, 달 착륙은 의미 없습니다. 오히려 월후면도를 그리고 우주에서 본 것들을 지구인에게 알리는 것이 인류 발전에 의미 있는 일이 될 것입니다."

바비케인은 입술을 굳게 다물고 있었지만, 옐로우 큐의 말에 어느 정도 동의하는 눈빛이었다. 옐로우 큐는 한 번 더 강조해서 말했다.

"방법을 찾아야 합니다. 다시 지구로 가야 해요."

달의 뒷면에 다가갈수록 우주선 안은 점점 어두워졌고 서서히 온도가 내려갔다. 완전히 달의 뒷면에 이르렀을 때는 깊은 어둠과 극지방 같은 추위에 휩싸였다.

아르당이 가스 불을 켜며 말했다.

"이쪽은 엄청 추워. 태양의 빛과 열이 그리워."

바비케인이 어두운 달을 향해 망원경을 들이대며 말했다.

"아무리 춥고, 어두워도 우리는 계획한 일을 해낼걸세."

다른 일행은 추위를 이기려고 서로 뭉쳐 온기를 나누었지만, 바비케인과 캡틴 니콜은 달의 후면도를 그려야 한다는 소명으로 몸을 바쁘게 움직였다.

"니콜, 우리는 월면도를 그린 갈릴레이처럼 월후면도를 그린 사람으로 이름이 후세에 전해질걸세."

둘은 추위와 싸우며 망원경으로 관찰한 것을 커다란 종이에 하나하나 옮겨 그렸다. 동해와 상백이 옆에서 그들을 도왔다. 동해는 꽁꽁 언손을 호호 불어 녹이면서 그림을 그렸다.

"동해 군, 자네는 그림 실력이 뛰어나군. 덕분에 아주 정밀한 지도가 완성될 게야."

동해는 기분이 좋았다. 전학 온 뒤 낯선 학교 분위기에 주눅 들어 있었는데, 작은 재능이지만 필요한 곳에 쓰이니 자신이 소중한 사람처럼 느껴졌다.

그때 새삼 동해의 눈에 상백이 보였다. 상백은 그림 그리는 손들이 얼지 않도록 줄곧 뜨거운 물을 데워 나르고 있었다. 상백도 자신처럼 뿌듯한 마음으로 일을 하고 있는 것이리라. 동해는 옹졸하게 굴었던 게 부끄러워 상백에게 말했다.

"상백아, 고마워."

상백은 웃으며 동해의 머리를 흐트렸다.

"고맙긴! 넌 내 목숨을 살렸잖아. 이제야 이 형님의 마음을 알게 된 거야?"

포탄 우주선이 달의 뒷면을 다 돌고 다시 태양이 나타났을 때, 세계 최초의 월후면도가 완성되었다. 월후면도에는 두 과학자와 두 학생의 열정이 고스란히 담겼다.

"서연 양, 달 후면에 크레이터가 이렇게 많다네."

바비케인은 더 이상 달의 크레이터를 화산이라고 부르지 않았다.

"우와, 정말이네요. 지대가 낮아서 바다처럼 어둡게 보이는 곳도 없어요."

"이 광경을 지구인들에게 당장 보여 주지 못하다니! 정말 아쉬워."

서연은 지구의 미래를 위해서 이 열정적인 과학자들을 반드시 지구로 귀환시키는 미션을 완수하리라 다시 한번 마음을 다잡았다.

서연은 옐로우 큐를 돌아보며 다짐의 눈빛을 보냈다. 옐로우 큐는 알았다는 듯 조용히 고개를 끄덕였다.

옐로우 큐의 수업노트 02

달의 생성 과정

초5-1 태양계와 별 | 초6-1 지구와 달의 운동

달은 어떻게 생성 되었을까?

지구에서 떨어져 나가면서 달이 생긴 것 아냐?

지구를 지나가다가 인력 때문에 공전하게 되었을 거야.

아니야. 달은 지구가 만들어질 때 동시에 만들어진 거야.

어쨌든 달은 생각보다 너무나 커!

1. 달의 생성

달은 어떻게 생겼을까? 그리고 달은 어떻게 지구를 도는 위성이 되었을까?

첫 번째 가설은 분열 이론이야. 지구 전체는 하나의 용융(녹아서 섞이는 일)된 마그마였어. 작은 미행성들의 충돌로 만들어져 온도가 굉장히 높아졌기 때문이야. 이때 자전하는 지구의 태평양에서 떨어져 나간 게 달이라는 이론이었지.

두 번째 가설은 달이 지구 근처로 지나가다가 지구의 중력에 잡혔다는 거야. 세 번째 가설은 지구가 미행성의 충돌로 만들어질 때 달도 동시에 응축되었다는 가설이지.

이 세 가지 가설 중에 어떤 것이 옳을까?

달의 기원에 관한 여러 가설 가운데 현재 가장 유력한 후보는 거대 충돌 가설이야. 45억년 전 지금의 화성 크기만 한 원시 행성 '테이아'가 원시 지구와 충돌하면서 생긴 수많은 파편이 우주로 흩어진 뒤 오랜 세월에 걸쳐 뭉쳐진 것이 달이라는 가설이지. 그런데 이 가설에는 중요한 약점이 하나 있어.

이 이론이 맞으려면, 달은 대부분 테이아의 물질로 구성되어야 할 거야. 그런데 1969년 아폴로 11호의 닐 암스트롱이 가져온 달 암석의 동위원소를 분석해 보았더니, 생성 연대가 45억 년 전이며 물질의 조성이 지구와 매우 비슷했지. 테이아의 구성 물질이 지구와 비슷했기 때문 아니냐고? 하지만 그럴 가능성은 크지 않았어.

1969년 아폴로 11호 우주 비행사들이 가져온 50개의 달 암석 가운데 일부.
왼쪽은 193g, 오른쪽은 213g이다. (출처: NASA)

미국 항공 우주국(NASA)은 1969년 아폴로 11호가 우주인을 태우고 달 착륙에 성공한 이후 1972년 아폴로 17호가 마지막 아폴로 임무를 완수할 때까지 아폴로가 지구에 돌아올 때마다 월석 샘플을 가져오게 했어. 월석의 성분과 지구의 암석 성분을 계속 비교해 보았지. 2020년 염소 원자를 분석해 보았더니, 지구에는 질량수가 35인 염소와 질량수가 37인 염소가 가장 많았다고 해.

거대 충돌 이후 원시 지구와 달 부스러기들은 서로 섞인 채 떠돌아다녔을 거야. 염소 원자도 질량수가 큰 동위원소와 작은 동위원소가 섞여 있을 수밖에 없었지. 그러다가 점차 지구의 중력이 가해지면 가벼운 염소 동위원소는 중력에 의해 지구로 끌려오게 되고, 상대적으로 무거운 동위원소는 중력의 영향을 덜 받아 달에 남게 되었어. 그 결과 부스러기들이 뭉쳐져 달의 모습을 갖추게 될 즈음에는 달에 무거운 염소 동위원소가 대부분을 차지하게 된 거지.

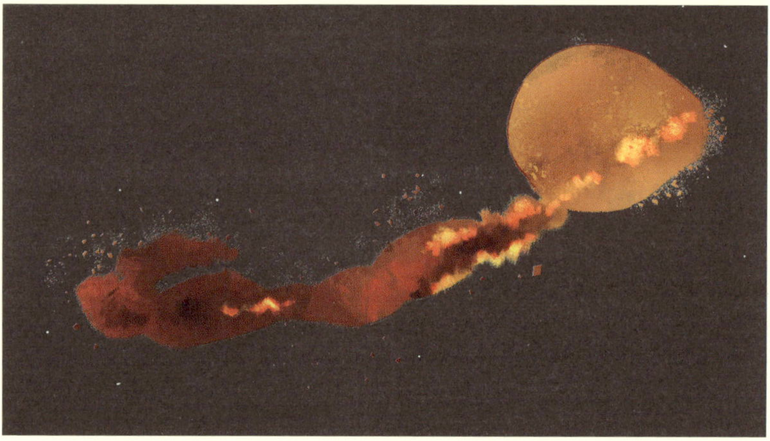

원시 지구에 화성 크기의 천체가 충돌하면서 달이 형성됐을 것이라는 '거대 충돌설'의 상상도다.

2024년에는 연구 결과 거대 충돌 이후 달이 몇 시간 만에 만들어졌을 거라고 추측하고 있어. 충돌 직후 분출한 물질은 4시간 후 지금의 달 궤도까지 다다른 뒤 두 덩어리로 나뉘어 각기 다른 길을 갔다는 거야. 큰 덩어리는 지구 중력에 이끌려 다시 지구로 돌아가고 작은 덩어리만 궤도에 남아 달이 되었다는 거지. 9시간 후엔 큰 덩어리가 지구와 합쳐지기 시작해 35시간 후엔 지구와 달 시스템이 완성되었다고 하니, 달이 얼마나 빨리 만들어졌는지 상상할 수 있겠니?

2. 달의 뒷면

달은 지구를 도는 공전 속도와 스스로 도는 자전 속도가 같아서 지구에서는 한 면만 보인다고 했어. 달의 뒷면을 본 것은 1960년대 탐사선을 보내면서야.

달의 앞면 달의 뒷면

달의 뒷면에는 바다라 불리는 낮은 지대가 없어. 39억 년 전쯤에 태양계 전체에 운석의 집중 포화 시기가 있었어. 이때 수많은 크레이터가 생성되었어. 달에는 30만 개 이상의 크레이터가 있다고 해. 지구도 예외는 아니야. 달보다 더 크니 운석 포화를 더 많이 받았을 거야. 하지만 지구는 공기에 의해 풍화 침식이 일어나기에 그 흔적이 모두 사라진 거야.

지구의 기준에서 보기에 달의 뒷면은 항상 밤처럼 느껴지지만 달도 자전하므로 엄연히 낮과 밤이 존재해. 달은 27.3일 동안 자전하므로 낮과 밤이 각각 14일 정도야.

달은 공기가 희박해서 하늘이 검게 보여. 공기가 없기에 온도도 극도로 변해. 낮에는 127도까지 올라가고, 밤에는 영하 173도로 떨어져. 달에서 살려면 이것부터 해결해야 할 거야. 달에서는 비도 눈도 오지 않고, 바람도 불지 않아. 그리고 수많은 충돌로 생긴 먼지가 수 센티미터 두께로 가라앉아 있어. 닐 암스트롱의 발자국은 이런 먼지 때문에 생긴 거야.

3 포탄 우주선이 향하는 곳

달의 후면도를 그리면서 바비케인과 캡틴 니콜은 달에 공기가 없다는 것, 그래서 사람이 살지 못한다는 것, 운석 충돌설 등 서연과 옐로우 큐의 설명을 받아들였다.

포탄 우주선은 예상대로 달을 빙 둘러 스쳐 날았을 뿐 달에 착륙하지 않았다. 바비케인과 캡틴 니콜, 그리고 미셸 아르당은 달에 가지 못하는 것을 무척 안타까워했다. 포탄 우주선이 달 주위를 공전하는 달의 위성이 될지 모른다는 것을 무서워하지도 않았다. 지구를 떠나 미지의 우주를 본 것만으로도 충분하다고 생각하는 것 같았다.

서연은 포탄 우주선의 행로를 지구 방향으로 바꿀 기회를

엿보고 있었다.

바비케인 회장과 캡틴 니콜은 우주선의 운동을 계산하기 위해 망원경으로 행성의 상대적 위치를 추적하느라 바쁘게 움직였다. 그들의 예상과는 달리 포탄 우주선은 달을 공전하는 위성이 되지 않고, 어딘가로 빠르게 날아가고 있었기 때문이다.

서연은 옐로우 큐에게 작은 소리로 물었다.

"선생님, 포탄 우주선은 어디로 가고 있나요?"

"포탄 우주선은 지금 달 주위를 타원 운동으로 돌고 있어."

"쉽게 말해 주세요."

"서연 학생, 핼리 혜성을 아는가?"

"혜성은 태양계의 소천체로서 왜곡된 타원 궤도를 크게 그리며 운동한다는 사실을 알고 있어요."

"맞아. 특히 핼리 혜성은 약 76년을 주기로 지구와 가까워진다네. 그때마다 관측되지. 태양의 인력을 받아 태양 주위를 타원형 궤도로 빠르게 돌고 있는 거야."

"그러니까 포탄 우주선이 달의 인력을 받아 타원형 궤도를 그리며 지구에 가까워진다는 의미인가요?"

"그렇다네."

"그럼 포탄 우주선이 다시 지구로 갈 수 있다는 거네요?"

옐로우 큐의 말이 사실이라면 포탄 우주선이 지구에 가까이 갔을 때 엔진을 가동시켜 최소한의 에너지로 궤도를 이탈할 수 있다. 그러면 우주선은 지구로 떨어질 게 분명했다.

다이애나와 놀고 있던 동해와 상백이 달려왔다.

"뭐? 다시 지구로 간다고?"

"정말? 다이애나야, 우리 살았다. 우리는 지구로 갈 거야!"

동해가 한 말을 상백이 더 부풀려 소리쳤다.

"아, 아니라네, 학생들. 지구로 가게 될지 아직 몰라."

이들의 목소리가 너무 컸던 탓일까? 미셸 아르당이 2층으로 고개를 쑥 내밀었다.

"어린 친구들아, 포탄 우주선이 지구로 간다고?"

동해와 상백의 시선이 옐로우 큐에게 향했다. 옐로우 큐는 당황해서 손을 내저었다.

"아니라네. 우주선이 어디로 갈지 아직 몰라."

서연이 앞으로 나서서 간절한 소망을 담아 말했다.

"달을 타원 궤도로 도는 거라면 가까워지는 행성은 지구밖에 없잖아요?"

서연의 물음에 옐로우 큐가 머리를 긁적이며 말했다.

"글쎄, 포탄 우주선이 혜성처럼 운동한다는 내 예측이 맞다면 우리가 가는 쪽에 지구가 있을 거라네."

그때 아래층에서 바비케인과 캡틴 니콜이 올라왔다. 바비케인이 비장한 목소리로 말했다.

"캡틴 니콜과 나는 우주선의 궤도 계산을 끝냈소."

"포탄 우주선이 지구 쪽으로 가는 거 맞죠?"

서연의 물음에 바비케인은 고개를 저었다.

"지구 쪽으로 가기엔 포탄 우주선의 타원 궤도가 컸소."

캡틴 니콜의 말에 아르당이 펄쩍 뛰었다.

"좀 알아듣게 말해 주세요. 그럼 우리가 어디로 간단 말입니까?"

바비케인은 팔짱을 끼고는 눈을 감으며 말했다.

"포탄 우주선은 지구가 아닌 가장 웅장한 곳으로 갈 거요."

"뜨거운 죽음을 맞이하겠지."

캡틴 니콜이 뒤이어 말했다.

"뜨거운 죽음이라니요? 바비케인, 니콜, 도대체 이게 무슨 소립니까?"

아르당이 발을 동동거리며 물었다.

바비케인은 대답을 회피한 채 창가로 다가가 저 멀리 있는 지구를 보았다. 지구는 초승달보다 크게 보였다. 캡틴 니콜은 바비케인과 다르게 즐거운 표정을 지었다.

"우리는 태양으로 갈 거요."

포탄 우주선 안에 잠시 정적이 흘렀다.

"오, 마이, 갓!"

소리친 것은 아르당이었다. 아르당은 제자리에서 펄쩍펄쩍 뛰었다. 다이애나가 놀자는 줄 알았는지 아르당과 같이 뛰었다.

"오, 다이애나. 이 운명도 모르는 친구야. 너는 달의 개들과 만났어야 했는데 말이야."

바비케인이 뒤돌아 말했다.

"좋은 소식도 있소. 태양 쪽으로 가는 길에 수성과 금성을 가까이서 볼 수 있을 거요."

미셸 아르당은 바비케인의 말을 잠시 곱씹더니 두 손을 번쩍 치켜들었다.

"만세! 그렇다면 수성과 금성을 가까이에서 보는 최초의 지구인이 되겠군요."

"그리고 태양으로 가서 뜨거운 죽음을 맞이하겠지."

캡틴 니콜이 덧붙였다.

"어차피 우주선의 식량은 한정되어 있잖아요. 금성과 수성을 본 다음 태양을 눈에 담고 죽으면 되지요. 난 태양인이다!"

아르당 역시 바비케인과 캡틴 니콜처럼 죽음을 두려워하지 않았다. 그런 아르당을 보면서 캡틴 니콜도 미소를 지었다.

"그 또한 좋구먼. 어떤가, 바비케인?"

"화성과 목성, 아름다운 토성을 못 봐서 아쉬울 뿐이라네."

서연은 죽음을 앞에 두고도 담담한 세 사람을 보고 고개를 절레절레 흔들었다. 바비케인 회장, 캡틴 니콜, 미셸 아르당은 태양인이 되어 장렬한 죽음을 맞이할 준비가 된 듯했다. 하지만 서연은 아니었다.

서연은 옐로우 큐를 데리고 2층 한쪽 구석으로 향했다. 그리고 아무도 듣을 수 없도록 작게 속삭였다.

"혹시, 선생님도 태양인이 되고 싶은 것은 아니죠?"

"맨눈으로 태양을 보는 기회는 흔치 않지."

"선생님! 지금 엔진을 가동해서 지구로 가야 한다고요."

"서연 학생, Q 배지를 꺼내 보게."

서연이 주머니에서 Q 배지를 꺼냈다.

"서연 학생, Q 배지는 아직 완전하게 빛나지 않아. 우리가 여기서 해야 할 미션이 끝나지 않았다는 뜻이라네."

"선생님, 어쩌면 우리는 지구로 돌아가지 못하고 영원히 우주를 떠돌게 되는 걸까요?”

옐로우 큐는 어깨를 으쓱하면서 말했다.

“지금이라도 엔진을 가동하면 지구로는 갈 수 있다네. 하지만 Q 배지가 작동하지 않으면 어차피 1865년의 지구겠지. Q 배지가 빛나면 우리는 우주에 남지도, 1865년의 지구로 가지도 않을 거야. 서연 학생은 21세기 대한민국 우주 박물관으로 가고 싶은 거잖아?”

“엔진을 작동시키면 Q 배지가 빛날 거예요. 지구로 귀환하는 게 마지막 목소리 미션이잖아요.”

“그건 서연 학생의 추측이잖아. 확실하지도 않은 기억으로 남은 연료를 다 써 버리면 위험에 빠질 수 있어.”

서연은 좌절했다. 미션 내용을 확실하게 기억하지 못했다. 옐로우 큐의 말이 백 번 옳았다. 미션을 확실히 들었어야 했다. 서연은 계획이 물거품이 된 듯하여 눈물이 맺혔다.

그때 백근이 위층으로 올라와 심각한 분위기를 보고는 물었다.

“서연아, 무슨 걱정 있어?”

“백근이 넌 걱정 없어? 지금 우주선이 태양으로 간다잖아.”

백근은 배시시 웃었다.

"우리는 노틸러스호를 타고 지구의 가장 깊은 바닷속과 남극에도 갔었어. 그때처럼 분명히 어느 순간에 Q 배지가 빛날 거고, 그럼 우리는 우주 박물관으로 돌아갈 수 있어."

옐로우 큐와 함께한 최초의 여행은 쥘 베른의《해저 2만리》소설 속이었다. 백근의 말처럼 그때도 지금처럼 수많은 어려움을 겪었다. 바닷속은 경이로웠지만 도처에 위험이 도사리고 있었다.

동해와 상백이 서연 옆으로 다가왔다. 비비케인과 캡틴 니콜을 도우며 어느새 둘은 가까워져 있었다.

"무슨 얘기 하고 있었어?"

동해가 물었다.

"너희 지구로 돌아가고 싶긴 한 거니?"

오로지 자신만 전전긍긍하는 것 같아서 초조해진 서연이 까칠하게 물었다.

"난 우주에 진심이야."

동해가 눈을 반짝이며 말했다. 동해는 우주가 깊은 바다 같아서 좋다고 말했다.

"나도 우주가 좋아졌어. 무중력 때 엄청 재미있었거든."

상백이 말에 동해가 주먹을 내밀었다. 상백이 주먹을 내밀어 부딪쳤다.

“처음에는 서로 싸움만 하더니 이제 죽이 척척 맞는구나.”

서연의 말에 둘은 어깨동무를 했다. 이를 본 옐로우 큐가 손가락 하나를 들었다.

“학생들, 좋은 소식이 있다네. 다시 무중력 상태가 될 거야.”

“네? 진짜요?”

상백이 눈을 번쩍 뜨면서 물었다.

“난 거짓말을 못 한다네. 우주선이 달에서 멀어지고 있으니까 당연히 무중력 상태가 되겠지.”

“얏호! 동해야, 그때 술래잡기하자.”

“오, 좋아. 이번에는 나를 절대 못잡을걸.”

동해가 백근을 돌아보았다.

“백근아, 너도 하자. 무중력 술래잡기가 얼마나 재밌는데.”

백근이 고개를 끄덕이는 것을 보고 옐로우 큐가 말했다.

“나는 왜 빼는 거야? 나도 무중력 술래잡기하고 싶다고.”

서연은 옐로우 큐에게 다가가 팔을 잡았다.

“선생님, Q 배지가 빛을 발하면 엔진을 가동해서 지구로 방향을 돌릴 수 있는 거죠? 그게 태양 근처라도 말이에요.”

“그렇다네. 그러니 걱정 말게나.”

저들을 지구로 안전하게 보내는 것이 마지막 미션이라는 믿음이 자신만의 생각이라는 것을 서연은 인정해야 했다. 그렇다면 마지막 목소리 미션은 무엇이었을까? 기억나지 않았다. 서연은 주어진 상황에 최선을 다하면 언젠가 Q 배지가 빛을 발할 것이고, 그때가 되면 집으로 돌아갈 수 있을 거라고 마음을 다잡았다.

포탄 우주선은 빠르게 달과 지구를 벗어나고 있었다. 그와 동시에 우주선 안은 다시 무중력 상태가 되었다.

"가장 밝은 별, 금성이야."

"아름다운 비너스!"

1층에서 바비케인과 캡틴 니콜의 목소리가 들렸다.

서연은 사뿐하게 날아 1층으로 내려갔다.

우주선 아래쪽 창문으로 보이는 금성은 마치 달만큼 커 보였다. 표면은 갈색과 흰색이 섞여 있었다. 망원경으로 금성을 보던 미셸 아르당이 두 손을 높이 들었다.

"만세, 내 두 눈으로 이렇게 가까이에서 금성을 보다니! 금성은 달과 달리 표면이 무척 매끈해 보이는군."

"금성의 대기층은 구름으로 덮여 있기 때문이에요."

아르당이 대답하는 서연에게 망원경을 건넸다.

"서연 양, 한번 볼래?"

"금성은 지구와도 다르네요. 지구는 하얀 구름 사이로 푸른 바다가 보였잖아요."

미셸 아르당이 손뼉을 짝 하고 치면서 외쳤다.

"월인은 못 만났지만, 금성인은 꼭 만날 거야."

"가만히 있으면 그렇게 될 것이오. 계산 결과, 포탄 우주선은 금성으로 가고 있으니 말이오."

바비케인이 아르당에게 말했다.

'헉, 큰일이다. 만약 금성에 착륙하면 태양에 도착하는 것보다 더 빨리 죽을 거야.'

서연이 이렇게 생각할 때 동해와 상백이 위층에서 날아와 1층에 사뿐히 내려앉았다. 상백이 유리 바닥을 통해 보이는 금성을 가리켰다.

"와, 금성에는 크레이터가 없네."

상백의 말에 동해가 대답했다.

"두꺼운 이산화 탄소 공기층이 구름을 만들어서 그래."

동해가 한 말에 바비케인이 고개를 돌렸다.

"동해 군? 금성의 대기가 이산화 탄소라고 생각하나?"

"생각이 아니라 사실이에요. 금성은 이산화 탄소로 가득해요. 그래서 표면 온도가 약 470도나 돼요."

"지금 말한 걸 과학 이론으로 설명할 수 있나? 우리를 납득시켜 보게."

"이산화 탄소가 온실 효과를 일으키거든요."

"온실 효과? 그건 어떤 원리인가?"

"그건 옐로우 큐 선생님이 더 쉽게 설명할 수 있을 거예요."

동해가 위층에 대고 옐로우 큐를 불렀다. 옐로우 큐는 금성이 보이면 깨우라고 말해 놓고 위층에서 잠을 자는 중이었다. 대답이 없자, 상백이 바닥을 차고 한번에 계단 끝까지 올라가서 옐로우 큐의 귀에 대고 소리쳤다.

"선생님, 금성이 보여요. 금성이요!"

"하암! 좀 더 자고 금성이 나타나면 좋았을 텐데."

상백이 잠에서 덜 깬 옐로우 큐의 등을 떠밀며 아래층으로 함께 내려왔다. 옐로우 큐는 창밖의 금성을 보고서야 정신을 차렸다.

"오! 금성이구나? 역시 이산화 탄소 구름은 멋있어."

"옐로우 큐 선생, 지금 나는 동해 학생에게 금성을 덮은 구름이 이산화 탄소라는 것을 증명해 보라고 말했소. 이젠 선생이 정확하게 설명해 보시오."

옐로우 큐가 금세 신나는 표정을 지으며 말했다.

"이산화 탄소는 무거운 기체입니다."

"그 정도는 나도 알고 있소."

"금성은 태양과 가까워서 가벼운 공기는 태양에너지에 밀려 우주로 날아갑니다. 그래서 무거운 이산화 탄소만 남는 거예요."

바비케인이 캡틴 니콜을 돌아보았다. 옐로우 큐의 말이 납득되는지 눈빛으로 묻는 것이었다. 캡틴 니콜이 고개를 끄덕이며 말했다.

"이론적으로 옐로우 선생의 말을 반박할 수 없군."

"그렇다면 동해 학생이 말한 온실 효과는 뭐요?"

바비케인이 다시 옐로우 큐에게 물었다.

"비닐하우스와 같은 원리죠. 비닐하우스의 열기가 밖으로 빠져나가지 못하는 것처럼 이산화 탄소 층이 금성이 내뿜는 열을 대기 밖으로 나가지 못하게 가두는 것입니다."

동해가 손가락을 딱 하고 튕기며 부연 설명을 했다.

"맞아요. 금성은 두터운 이산화 탄소 층 때문에 표면 온도가 약 470도까지 올라가는 거예요. 게다가 이산화 탄소는 무거워서 금성은 기압이 90이나 된답니다. 지구 대기의 90배나 되는 고기압 상태인거죠."

바비케인이 눈썹을 치켜뜨며 말했다.

"안됐지만 아르당, 당신은 금성인이 될 수 없을 것 같소."

"무슨 소립니까, 회장님? 월인이 못 되었으니 저는 금성인이라도 될 거예요."

옐로우 큐가 아르당의 어깨를 잡으며 말했다.

"내 친구 아르당, 금성은 표면 온도가 약 470도라니까? 절대 사람이 살 수 없다네."

"하지만 이 순간에도 우리는 금성으로 날아가고 있잖아, 친구. 그럼 금성에 갈 수 있는 것 아닌가?"

옐로우 큐가 망원경을 보고 있는 바비케인에게 물었다.

"회장님, 아르당 말이 사실입니까?"

바비케인 대신 옆의 캡틴 니콜이 혼잣말처럼 했다.

"그렇소, 선생. 태양으로 향하거나 금성으로 향하거나 어차피 타 죽는 건 매한가지요."

별일 아닌 듯 무심하게 말했지만, 캡틴 니콜의 눈에는 아쉬움과 두려움이 겹쳐 있었다.

Q 배지는 여전히 빛을 내지 않았지만, 서연은 더 늦어지면 모두의 생명이 위험할 거라고 판단했다. 지금이야말로 자신이

나서야 할 때였다.

"우린 살 수 있어요. 지구로 되돌아갈 수도 있고요."

바비케인, 캡틴 니콜 그리고 미셸 아르당의 고개가 빠르게 움직였다. 누가 먼저라 할 것 없이 말을 쏟아 냈다.

"사실인가?"

"어떻게?"

"다시 지구인이 되는 건가?"

"실은 연료가 조금 남아 있어요. 옐로우 선생님이 엔진을 가동하면 포탄 우주선의 경로를 바꿀 수 있어요."

"정말이오, 옐로우 선생?"

옐로우 큐가 고개를 끄덕였다.

그때 둥둥 떠 있던 일행의 몸이 가볍게 땅으로 떨어졌다. 금성의 중력이 미치기 시작한 것이다.

"옐로우 선생, 금성의 중력이 작용하기 시작했소. 이제 속도가 빨라질 거요. 서둘러 엔진을 가동하시오."

중대한 순간의 빠른 판단이었다. 역시 바비케인이었다.

"알겠습니다, 회장님."

옐로우 큐는 계기판의 스위치를 돌리고는 빨간 버튼을 눌렀다. 부웅 하는 소리와 함께 우주선의 움직임이 느껴졌다.

그렇게 얼마나 움직였을까? 옐로우 큐가 울상이 되어 돌아보았다.

서연이 불안한 마음에 물었다.

"선생님, 설마 우리 모두 통구이가 되는 것은 아니죠?"

"통구이는 안 될 거야. 금성으로 떨어지지 않을 테니까. 하지만 연료가 부족해서 충분히 움직이지 못했다네."

"그 말은 지구 쪽으로 가지 못한다는 건가요?"

"맞아. 지구 쪽으로 방향을 틀기엔 에너지가 부족했어."

옐로우 큐의 말에 바비케인이 망원경으로 창문 밖을 이리저리 살펴봤다. 캡틴 니콜은 칠판으로 다가가 복잡한 수식을 적으며 빠르게 포탄 우주선의 방향을 계산했다.

얼마 후 캡틴 니콜이 바비케인에게 다가가 작은 소리로 말했다. 바비케인이 심각한 표정으로 옐로우 큐에게 말했다.

"옐로우 선생의 말은 틀렸소."

서연이 한껏 기대감을 품고 말했다.

"회장님, 그렇죠! 포탄 우주선이 지구로 가는 것 맞죠?"

"아니, 통구이는 안 될 거라는 말이 틀렸다는 거야."

캡틴 니콜이 대신 대답했다.

"통구이요? 그럼 금성으로 떨어지고 있는 거예요?"

아이들이 동시에 외쳤다.

바비케인이 고개를 저었다. 그리고 모두를 향해 말했다.

"포탄 우주선은 태양으로 가고 있소."

옐로우 큐의 수업노트 **03**

별도 수명이 있다고?

초3-1 지구의 모습 | 초5-1 태양계와 별

별도 태어나고 죽는 것을 아니?

별이 초신성이 되어 폭발한다는 것을 들었어.

별이 죽으면 블랙홀이 된다고 하던데?

그럼 태양도 언제가 죽는 거야?

걱정 마. 태양의 수명은 아직 50억 년이나 남았으니.

1. 별의 일생

우주 공간에는 수많은 먼지와 기체 그리고 지구와 같은 행성들, 태양과 같은 별들이 무수히 많이 존재해. 우주 공간에 있는 먼지와 기체들은 별과 별사이에 존재하는 물질이라 하여 성간 물질이라고 하는데, 별들은 바로 이 성간 물질로부터 태어나는 거야.

허블 우주 망원경으로 촬영한
오리온 성운과 트라페지움

오른쪽 사진은 유명한 오리온자리 대성운의 중심 영역이야. 왼쪽 가운데 부분에 빛나는 네 개의 별이 있는데, 이를 트라페지움(Trapezium)이라 해.

이 트라페지움의 주변을 보면 가스와 먼지로 둘러싸인 희미한 별들이 있는 것을 발견할 수 있는데, 천문학자들은 이 희미한 별들이 새로운 항성계를 형성하고 있다고 추측하고 있지.

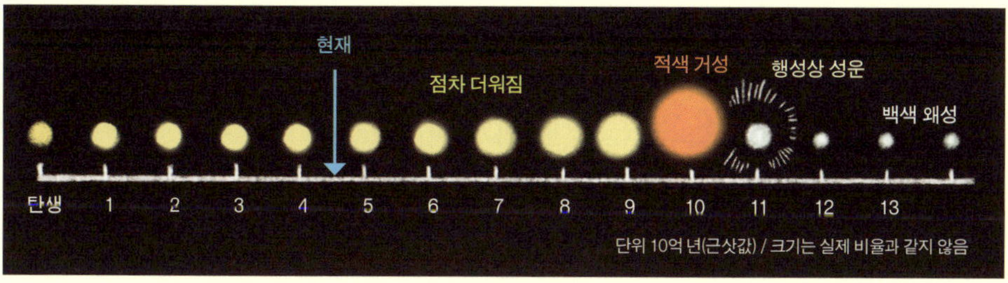

태양의 일생

별의 진화에 가장 큰 영향을 미치는 것은 태어날 때 지니는 별의 질량이야. 질량에 따라 별의 일생은 크게 달라지고, 마지막 모습 또한 다르지. 아주 무거운 별들은 상대적으로 금방 진화해 버려. 짧은 시간 내에 엄청난 에너지를 발산하기 때문이야. 그리고 상대적으로 가벼운 별일수록 약하게 에너지를 오래 내기 때문에 일생이 길지.

별은 일정한 질량 이상을 가지고 있어야 해. 질량이 충분하지 못한다면 수소로 이루어진 내부 핵이 융합할 만큼의 온도를 가지지 못하여 별이 되지 못하거든. 별이 되지 못한 천체는 행성이나 소행성과 같은 천체가 되는데, 이러한 별의 최소 질량은 태양의 약 0.08배야.

그리고 별은 일정 이상의 질량을 가질 수 없다고 해. 그 이유는 별의 질량이 어느 한계 이상 크게 되면 중력이 내부의 뜨거운 열에 의한 압력(복사압)을 견딜 수 없기 때문이야. 결국엔 중심을 향해 떨어지던 물질이 복사압에 의해 다시 바깥으로 밀려나가게 되어 별을 형성할 수 없는 것으로 알려져 있지. 이론적으로 계산된 한계 질량은 태양의 약 150배 정도라고 해.

2. 앞으로 태양은 어떻게 될까?

지구는 금, 은 등 무거운 원소로 이루어져 있어. 태양계가 만들어질 당시에 이런 원소가 존재한다는 것은 태양이 만들어지기 이전에 거대한 별이 있었다는 거야. 초신성 폭발의 잔해지. 잔해로 만들어졌기에 태양의 질량은 초신성이 되기에 충분하지 않아. 수소 핵융합이 끝나면 헬륨 핵융합이 일어나야 하는데 질량이 충분히 크지 못해서 철 다음의 원소를 만들지 못해. 태양 질량의 1.44배 정도보다 작은 별은 바깥쪽이 점차 팽창하여 적색 거성이 돼.

태양이 적색 거성이 되면 지구까지 삼켜 버리게 돼. 태양의 나이 100억 살이 될 때니 우리는 걱정할 필요가 없겠지?

적색 거성은 행성상 성운으로 변해. 99쪽 상단의 그림은 고양이 눈 성운이야. 1786년 윌리엄 허셜이 최초로 발견했지. 초신성 폭발보다는 얌전하지? 적색 거성의 바깥쪽이 퍼져나가고 가운데는 탄소와 산소로 이루어진 백색 왜성이 남아. 크기는 지구 정도 되면서 질량은 엄청나게 크지. 그렇게 태양은 수명을 다하는 거야.

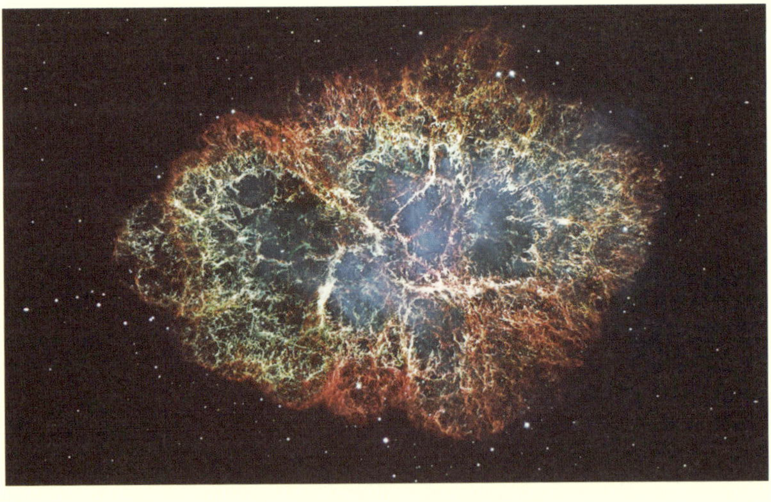

허블 우주 망원경으로 촬영한 초신성 폭발

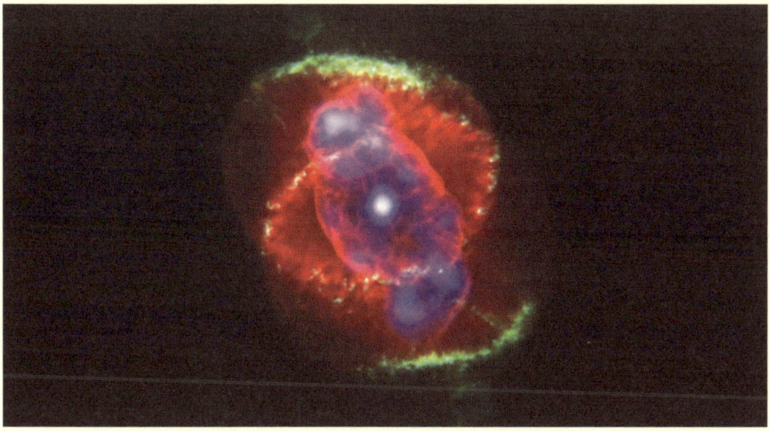

허블 우주 망원경으로 촬영한 행성상 성운

참고로 초신성 폭발 후에도 중심에 특이한 천체가 만들어져. 바로 블랙홀이야. 태양의 질량보다 3배 이상이 되면 블랙홀이, 그 이하는 중성자별이 만들어져. 블랙홀은 밀도가 엄청 높아서 중력이 엄청 강해. 빛까지도 흡수해서 어둡게 보인다고들 하지만 사실 빛은 질량이 없어 중력의 영향을 받지는 않아. 하지만 블랙홀의 엄청난 중력 때문에 공간이 심하게 왜곡되고 빛은 직진하지만 빠져나오지 못하게 되는 것이지.

블랙홀 상상도

4 우주 귀신이 나타났다

금성에서 멀어지자 다시 무중력 상태가 되었다. 이틀이 지나고 나니, 멀리 수성이 보였다. 수성은 태양계에서 태양과 가장 가까운 행성이다.

바비케인이 망원경으로 수성 관찰을 마치고 말했다.

"흡사 달처럼 보이는군."

"쌍둥이처럼 말이야."

캡틴 니콜이 칠판에 수성을 그리며, 바비케인의 의견에 찬성했다.

"수성과 달이 비슷하게 보이는 건 두 천체 모두 대기가 없기 때문이에요. 하지만 그 이유는 서로 다르죠. 그건 서연 학생이 설명할 겁니다."

옐로우 큐가 서연에게 추가 설명을 맡겼다.

"수성은 뜨거운 태양 에너지가 수성 주변의 공기를 다 날려 버렸기 때문에 대기가 없는 거예요. 달은 질량이 낮아서 중력으로 대기를 잡아 두지 못한 것이고요."

"당신들 이론대로라면 수성에는 공기가 없겠군."

옐로우 큐가 손가락을 딱 하고 튕겼다.

"그렇죠. 달처럼 공기가 없어서 저런 크레이터가 지금까지 남아 있는 겁니다."

"수성과 달에만 크레이터가 많은 거요?"

바비케인이 다시 물었다.

"그렇지 않습니다. 크레이터는 모든 행성에 있습니다."

"옐로우 선생은 태양계의 모든 행성이 운석 충돌로 만들어졌다는 말을 하고 싶은 거요?"

"오, 역시 뛰어난 통찰이십니다."

"음…… 미국의 중서부 사막에도 커다란 구덩이가 있소. 옐로우 선생의 말대로라면 그 또한 지구의 크레이터겠구먼!"

바비케인은 알고 있는 것만 고수하는 편협한 과학자가 아니었다. 서연은 옐로우 큐와 소설 속 여행을 하면서 많은 것을 배웠다. 《해양 박물관》에서 만난 네모 선장에게선 자연을 대하는 경외심, 《생존 박물관》에서 만난 브리앙에게는 리더십, 그리고 이곳 《우주 박물관》 소설 속에서는 바비케인과 캡틴 니콜의 과학을 향한 열정을 배웠다. 뿐만 아니라 서연은 옐로우 큐처럼 궁금증이 많아졌다. 선생님의 과학을 향한 순수한 호기심을 점점 닮아 가는 것 같았다.

서연은 옐로우 큐에게 질문했다.

"선생님, 그 많은 운석들은 어디서 온 거예요?"

"우주의 탄생에 그 비밀을 있다네."

"우주 탄생이요?"

칠판에 수성을 그리던 캡틴 니콜이 고개를 번쩍 들었다.

"당신이 우주 탄생의 비밀은 안다는 것이오? 말해 주시오. 얼른 비밀을 알려 주시오."

그때 창밖을 관찰하던 바비케인이 큰 소리로 말했다.

"포탄 우주선의 경로가 확실히 변하고 있소."

"태양에서 멀어지는 건가요?"

옐로우 큐가 물었다.

"그렇소! 수성이 우리를 살렸소. 수성의 인력 때문에 포탄 우주선의 경로가 변한 것이오."

그 소리를 들은 아르당이 다이애나를 얼싸안았다.

"만세, 다이애나! 우리는 통구이가 안 될 거야. 살았다고."

다이애나는 아르당의 얼굴을 마구 핥았다.

"냐하하! 다이애나, 간지럽다고."

바비케인 회장과, 캡틴 니콜은 쉼 없이 망원경으로 우주를 관찰하며 우주선의 경로를 측정했다. 동해와 상백도 열심히 도왔지만 두 과학자의 열정을 따라갈 수는 없었다.

"회장님, 조금만 쉬세요."

동해가 늘어놓은 물건을 정리하며 말했다.

"동해 군, 자네나 쉬게나."

"니콜 아저씨, 그러다 몸 상하겠어요."

상백도 백근이 탄 커피를 가져오며 말했다.

"고맙지만 지금은 쉴 때가 아니야."

두 과학자는 커피를 마시는 둥 마는 둥 하며 우주를 줄곧 관찰했다.

한편, 미셸 아르당은 무중력을 즐기거나 낮잠을 잤다. 우주에서는 밤잠과 낮잠을 구별하는 것이 무의미했지만 말이다. 옐로우 큐 역시 아르당처럼 우주 여행을 즐겼다.

동해와 상백은 바비케인과 캡틴 니콜 옆에 붙어서 그들을 돕다가도 서로 장난을 치며 무중력 술래잡기를 하곤 했다. 이제 완전히 화해하고 절친이 된 것 같았다.

서연이 2층 주방 쪽으로 갔다. 이번 식사 준비는 서연이 도울 차례였다. 언제나처럼 백근이 식사 준비를 하고 있었다. 백근은 공중에 떠다니며 이런저런 요리 재료를 가져다가 다듬었다. 백근의 이마에 땀이 송골송골 맺혀 있었다.

"백근아, 난 뭘 하면 될까?"

백근은 서연을 향해 배시시 웃었다. 하지만 평소의 웃음과는 달리 어색해 보였다.

"백근아, 어디 아파?"

"무중력 상태라 그런지 힘드네. 재료도 날아다니고 내 몸도 날아다니고 말이야."

백근은 요리하는 걸 정말 좋아하지만, 매번 혼자 식사를 준비하는 것은 힘든 일이 분명했다.

"지금은 요리하기 어려워. 바게트 빵이랑 말린 과일을 먹자. 여기 비닐봉지에 일 인분씩 담으면 돼."

백근이 비닐에 빵을 잘라 넣고는 서연에게 건넸다. 서연은 말린 자두와 바나나 조각을 두 개씩 넣었다. 그러고 보니 며칠째 제대로 요리한 음식을 먹지 못했다. 서연이 음식물 보관 상자를 열어 보았다. 과일 통조림과 고기 통조림이 있었다.

"백근아, 이거 먹으면 안 돼?"

"통조림은 오래 보관할 수 있잖아. 마지막까지 남겨 둬야지. 언제까지 우주 여행을 할지 모르잖아."

백근은 포탄 우주선의 요리사로서 식재료의 양을 계획적으로 조절하고 있었다. 누가 알아주지 않아도 꿋꿋이 해내고 있었던 것이다.

"백근이 네가 저 장난꾸러기들보다 훨씬 낫다."

"히히, 그런가? 그런데 말이야, 서연아."

백근이 식자재를 정리하면서 말했다. 얼굴이 창백했다.

"우주선에 오래 있으면 정신이 이상해지기도 해?"

"무슨 소리야? 백근이 너, 어디 아파?"

"가끔 환청이 들려. 아기 울음 소리 같은 게 들린다니까. 식재료 저장 창고에서 뭐가 움직이는 소리도 들리고."

서연은 우주선처럼 좁은 곳에 머무는 사람이 환각과 환청 같은 정신 질환을 겪는 영화를 봤었다. 백근도 그런 게 아닐까 걱정되었지만, 일단 백근을 안심시켜야 했다. 서연은 숟가락을 들어 보이고는 빙글 돌리며 손을 놓았다. 무중력 때문에 숟가락이 백근의 눈앞에서 팽글팽글 돌며 날아다녔다.

"백근아, 걱정 마. 무중력이라서 물건이 움직인 걸 거야."

"그럼 아기 울음 소리는?"

"그건…… 다이애나가 끙끙거리는 소리가 아닐까?"

"서연아, 실은 다이애나도 이상해. 요즘 부쩍 허공을 보고 으르렁거리고, 앞발로 여기저기를 긁어 대."

서연은 개가 귀신을 볼 수 있다는 옛이야기를 떠올라서 오싹한 기분이 들었다.

"그럼 너는 우주선에 귀신이 있다고 생각하는 거야?"

"귀신이 아니라면 내가 환청을 듣는 거잖아."

서연은 귀신을 믿기도, 백근이 우주선 정신 질환을 앓는다는 것도 인정하고 싶지 않았다.

"백근아, 괜찮을 거야. 나도 좀 살펴볼게."

너무 오래 백근을 혼자 두었던 탓일까? 동해는 바비케인과, 상백은 캡틴 니콜과 함께였다. 그런데 백근이 좋아하는 매스턴 대위는 우주선을 타지 않았다. 늘 밝은 백근도 외로웠을 것이다. 그래서 정신적인 문제가 생긴 것일까?

그날 밤 서연은 이상한 소리에 눈을 떴다. 사방이 어두워 아무것도 보이지 않았다.

물론 우주에는 낮과 밤이 없다. 지구 시간으로 밤을 말하는 것이다. 포탄 우주선이 태양을 향해 나아가고 있어서 우주선 안은 항상 밝았다. 지구 시간으로 밤이 되면 상백이 창문의 덧문을 모두 닫았다. 그럼 우주선은 밤처럼 암흑이 된다.

북북북! 이상한 소리가 들렸다. 뭔가 긁어 대는 소리 같았다. 다이애나일까? 하지만 개는 아래층에 있다. 백근 말대로 식재료 저장 창고에서 뭔가 움직이는 것 같았다.

서연는 우주선 벽에 설치해 둔 줄을 잡고 몸을 천천히 움직여 창문의 덧문을 조금 열어 보았다. 빛이 우주선 안을 밝혀 주었다. 이상해 보이는 건 없었다. 서연은 음식물 창고 쪽으로 가 보았지만, 그곳도 문제는 없어 보였다.

'나에게도 환청이 들리고 환각이 보이는 걸까?'

서연은 헤엄치듯 날아 아래층을 내려다보았다. 그곳 역시 아무런 기척도 없었다.

옐로우 큐가 눈을 비비며 일어났다.

"서연 학생, 안 자고 뭐 해?"

"아, 아니에요."

"낮과 밤을 잘 지켜야 한다네. 그래야 신체 호르몬 체계를 유지할 수 있어."

"네, 바로 잘게요."

서연은 덧문을 닫았다. 우주선 안은 다시 어두워졌다. 서연은 소파에 누워 안전띠를 맸다. 잘 때 공중에 떠다니지 않기 위해서였다.

그후 며칠 동안 서연은 깊은 잠을 잘 수 없었다. 설핏 잠들었다가 상백의 잠꼬대에 깨고, 옐로우 큐의 방귀 소리에도 눈이 떠졌다. 그럴 때마다 촉각이 곤두섰다. 어느 날은 아무 일도 일어나지 않았지만, 또 어떤 날은 무언가를 긁어 대는 소리와 아기 울음 같은 이상한 소리가 들렸다.

그렇게 며칠 밤을 지내다 보니, 서연은 예민해져서 노이로제가 걸릴 지경이었다. 서연은 식당으로 갔다. 백근이 어떤지 궁금했다. 그동안 두려운 마음에 일부러 회피했는데, 더 이상 모른 척해서는 안 된다는 생각이 들었다. 우주 귀신이든 정신 착란이든 맞닥뜨려 해결해야 한다.

"백근아, 실은 요즘 나도 아기 울음소리를 들어."

"그렇지? 너도 들었지?"

서연이 고개를 끄덕였다.

"여기 귀신이라도 있는 걸까? 아님 우리 둘 다 미친 걸까?"

백근이 공중에서 양반다리로 앉아 있다가 거꾸로 몸을 돌리며 다시 말했다.

"사실 말이야. 문제가 또 있어."

서연이 놀란 눈으로 백근을 보았다.

"또 다른 문제라니? 뭔데?"

"음식이 조금씩 사라져. 특히, 육포가 말이야."

백근은 그 말을 하며 안절부절못했다. 육포는 단백질을 공급하는 귀한 식량이다. 잘 관리하지 않으면 선장인 바비케인이 분명 책임을 물을 것이다.

누가 훔쳐 먹는 걸까? 이 좁은 곳에서 들키지 않고 그러기는 쉽지 않을 것이다. 혹시 정신이 이상해진 백근이 자기가 먹고도 모르는 거 아닐까? 서연은 백근을 두고 이런 생각까지 한 자신이 한심했다.

"양은 정확하게 확인했어?"

"그럼. 서연아, 이렇게 자꾸 식량이 줄어들면 사람들이 날 의심할 거야. 서연이 네가 증인이 되어 줘."

"그래, 걱정 마. 우리 옐로우 큐 선생님과 의논하자."

서연은 백근과 함께 육포의 양을 확인했다. 32장이었다.

일행 모두가 1층에서 태양을 관찰하고 있을 때, 서연이 옐로우 큐를 끌고 2층으로 올라왔다. 2층에서 백근이 기다리고 있었다.

“서연 학생, 백근 학생. 나도 태양의 흑점을 보고 싶다고.”

“그보다 더 심각한 문제가 있어요.”

“심각하다니? 무슨 문제가 있나, 학생들?”

“선생님, 이런 좁은 곳에 오래 있으면 정신병이 생기나요?”

백근의 질문에 옐로우 큐가 잠시 생각하더니 대답했다.

“음, 팬도럼 현상이군! 우주선처럼 폐쇄된 공간에서 오래 있으면 환청이 들리고, 환각 증상이 나타나기도 해.”

“선생님, 백근과 제가 요즘 팬도럼을 겪고 있나 봐요.”

서연은 그간의 상황을 이야기했다.

“구체적으로 말해 봐. 백근 학생, 정확히 어떻다는 거야?”

“아기 울음소리 같은 게 들려요. 또 물건이 혼자 움직이는 것 같고, 육포가 사라져요.”

“아기 울음? 그거 서연 학생 잠꼬대 소리 아니었어?”

충격이었다. 옐로우 큐도 같은 소리를 들었다는것 아닌가! 설마, 정말 우주 귀신이라도 있는 걸까? 아니면 단체로 정신착란 증상을 겪고 있는 것일까?

그때 동해와 상백이 우주 유영을 하며 2층으로 올라왔다. 동해가 공중제비를 하면서 다가와 물었다.

"서연아, 뭐 해? 넌 태양 안 봐?"

동해와 상백도 같은 증상을 겪는지 확인해야 했다.

"동해야, 상백아. 진지하게 대답해 줘. 너희들, 혹시 자면서 이상한 소리 들은 적 있어?"

동해가 아무렇지도 않게 대꾸했다.

"이상한 소리? 밤마다 여자 울음 소리를 들었지. 서연이 너 아니야?"

"상백이 넌?"

"나도 들었어. 서연이 네가 집에 가고 싶어서 우는 거라고 생각했는데, 아니야?"

서연이 소리 질렀다.

"난 아니야!"

모두가 같은 일을 겪고 있다는 걸 알고 백근이 안도의 한숨을 내쉬었다.

"뭐야? 그럼 여기 우주선에 귀신이라도 있는 거야?"

상백이 외쳤다.

"노노! 상백 학생, 귀신은 없어."

옐로우 큐가 검지를 까닥거리며 말했다.

"일단, 포탄 우주선 안에 어떤 문제가 있는지 찾아보자. 각자 의심 가는 곳을 샅샅이 살펴보자."

서연의 말에 옐로우 큐와 아이들은 우주선을 뒤지기 시작했다. 식료품 창고부터 각종 물품을 보관하는 상자들까지 모두 살펴보았다.

"여기 소파가 찢어졌어요."

동해가 소파 아래쪽에서 찢어진 구멍을 발견했다. 동해는 찢어진 소파 속으로 손을 깊숙이 넣었다.

"아얏!"

동해가 놀라 황급히 손을 빼고 뒤로 물러섰다. 동해의 손등에 세 줄로 길게 상처가 생겼고 거기에 피가 맺혔다.

"이야오오옹!"

소파에서 울음 소리가 들렸다.

"이 소리예요!"

서연이 외쳤다.

"아기 울음 소리가 아니라 고양이 울음 소리야."

예상하지 못한 일에 모두 눈이 동그래졌다. 백근이 육포를 조금 뜯어 와서 소파 앞에 두고 부드럽게 말을 건넸다.

"야옹, 나비야. 걱정 말고 나와. 우리는 널 해치지 않아."

얼마나 기다렸을까? 소파의 찢어진 귀퉁이로 삼색 줄무늬

머리가 보였다. 새끼 고양이라는 걸 한눈에 알 수 있었다.

"그 고양이 아니야? 우주선 충격 실험한 고양이"

백근은 고양이에게 육포를 내밀며 말했다.

"아니야. 동물 실험은 이렇게 작은 새끼로 하지 않아. 어쩌다 새끼 길고양이가 포탄 우주선을 탄 것 같아."

"더는 숨지 않아도 돼, 귀여운 아가야."

고양이는 잠시 머뭇거리더니 허공을 헤치며 백근의 손으로 다가왔다. 백근은 고양이를 안고 육포 조각을 먹였다.

"뭐야? 네가 육포를 훔쳐 먹은 범인이었던 거야?"

"야옹!"

"히히, 네 이름은 이제 '삼색이'다. 삼색아, 안녕."

이제야 포탄 우주선의 전속 요리사 표정이 밝아졌다.

귀신 소동은 이렇게 끝이 났다. 서연은 안도의 한숨을 내쉬었다.

"뭐야? 고양이네. 다이애나, 네 친구가 생겼다."

아래층에서 미셸 아르당이 올라오며 말했다. 뒤따라온 다이애나가 고양이를 보더니 멍멍 짖으며 허공을 헤쳐 달려왔다.

백근이 고양이를 감싸 안으며 다이애나에게 주의를 주었

다.

"다이애나! 삼색이는 아직 애기야. 조심히 다루어야 해."

다이애나가 알아들었는지 '멍' 하고 짖었다. 이어서 올라온 바비케인과 니콜도 삼색이를 보았다.

"어허허, 아기 손님이 몰래 탑승했구먼."

바비케인도 고양이가 귀여운지 미소를 지었다.

"어린 것이 바비케인 자네가 무서워서 숨어 있었나 보네."

웬일로 캡틴 니콜이 농담을 했다.

"무슨 소리? 이 우주선에서 인상이 가장 험악한 사람은 캡틴 니콜 자네야."

바비케인이 농담으로 받았다. 우주선 안의 모든 사람들이 소리 내어 웃었다. 위태위태한 우주 여행 중 오랜만에 느끼는 편안함이었다.

"새로운 손님도 왔는데, 아껴 둔 통조림으로 저녁을 먹는 게 어때요?"

백근의 말에 모두 박수를 치며 좋아했다. 다이애나도 반기는 듯 묵직한 꼬리를 살랑살랑 흔들었다.

그렇게 또 며칠이 지났다. 우주선 안의 온도가 차츰 올라갔다. 다이애나가 혀를 길게 내밀고 헐떡였다. 이제 모두 걸어 다녔다. 태양과 가까워져서 중력이 작용했기 때문이다.

오늘은 모두 아래층에서 태양을 관찰했다. 바비케인이 동해가 그린 태양의 흑점을 보여 주며 말했다. 태양의 흑점은 태양 표면에 나타나는 어두운 지역이다.

"흑점이 우리가 보는 왼쪽에서 오른쪽으로 이동하고 있어. 이것으로 알 수 있는 천문학 이론은?"

바비케인이 질문하자마자 단 1초도 기다리지 않고 캡틴 니콜이 대답했다.

"태양의 자전."

"정답! 그런데 의문이 있네. 태양의 적도 부근의 흑점이 극지방의 흑점보다 더 빨리 움직이고 있어. 이건 어떻게 설명할 수 있을까?"

이번에는 캡틴 니콜도 모르는 것 같았다. 바비케인이 옐로우 큐를 바라보았다.

"그건 태양이 지구처럼 고체 상태가 아니기 때문입니다."

"고체가 아니라고? 그럼 어떤 상태란 말이오?"

"기체도 액체도 아닌 플라즈마 상태입니다."

"플라즈마? 그게 무슨 상태라는 거요?"

"물질의 가장 기본 입자는 원자예요. 플라즈마 상태는 원자로부터 전자를 분리시켜 이온화된 상태랍니다."

서연이 옐로우 큐에게 물었다.

"이온 음료의 그 이온이요?"

"그렇다네. 칼슘 이온, 나트륨 이온 같은 것 말이야."

바비케인이 망원경으로 태양을 바라봤다. 빛이 강해서 렌즈에 선글라스 같은 필터를 끼워 놓은 상태였다. 바비케인이 망원경을 내리고 고개를 돌렸다.

"플라즈마 상태가 잘 이해되지는 않지만, 고체가 아니니 흑점의 이동 속도가 다르다는 것이군."

옐로우 큐가 손뼉을 치며 말했다.

"딩동댕, 그렇죠."

"그렇다면 옐로우 선생, 태양은 무엇으로 이루어져 있소?"

"태양은 주로 수소와 헬륨으로 이루어져 있답니다."

바비케인은 고개를 갸웃거렸다.

"그런데 말이오. 태양이 저렇게 불타려면 산소가 있어야 하지 않을까?"

"회장님, 질량 보존의 법칙을 아십니까?"

"그건 알고 있지. 화학 변화가 일어나더라 물질은 질량이 변하지 않는다는 법칙이지."

"맞습니다. 하지만 그 말에는 오류가 있어요. 아직 알려지지 않았지만, 수소 핵융합은 질량이 바뀝니다. 수소 네 분자가 결합해서 헬륨 한 분자로 바뀔 때 질량이 줄어듭니다."

"그렇다면 줄어든 질량은 어디로 가오?"

"에너지로 바뀌지요. 그래서 수소와 헬륨으로 이루어진 태양이 저렇게 불타는 겁니다."

서연의 머리에 아인슈타인의 $E=mc^2$이란 공식이 떠올랐다. 잘은 모르지만, 질량과 에너지가 서로 변한다는 공식이었다.

"과학자들이 태양에 산소가 없다는 것을 밝혔지."

캡틴 니콜이었다. 바비케인은 고개를 끄덕였다.

"그럼 옐로우 선생의 말을 믿을 수밖에 없군."

바비케인은 궁금한 것을 연이어 물었다.

"우주 탄생은 어떻소? 지난번 수성을 지날 때 우주 탄생의 비밀이 있다고 하지 않았소. 간단하게 설명해 보시오."

바비케인은 지난번 수성의 크레이터를 보았을 때 운석과 우주 탄생에 관한 이야기를 하지 못했다는 걸 기억하고 있었다.

옐로우 큐가 말했다.

"네, 이제 말씀 드리죠. 우주의 모든 질량이 한 점에 응축되었다가 빅뱅이 발생했습니다. 그 후 우주는 계속 팽창하며 별이 만들어졌고, 별 안에서 가벼운 원소부터 무거운 원소까지 만들어진 것이지요."

옐로우 큐의 설명을 듣고 바비케인이 입을 열었다.

"수소가 결합하여 헬륨이 될 때 에너지를 방출하듯이, 별 내부에서도 핵융합 반응으로 무거운 원소들이 만들어질 때 에너지가 방출되는 거군."

"역시 회장님은 이해가 빠르시군요."

바비케인은 뒷짐을 지고 불타는 태양을 보았다. 그렇게 한참을 서 있던 바비케인이 고개를 돌렸다.

"이제 모든 궁금증이 해결되었소. 그동안 고마웠소, 옐로우 선생과 어린 친구들."

어쩐지 마지막 인사를 하는 듯한 말투였다.

"회장님, 무슨 일이 있는 건가요?"

"포탄 우주선이 태양을 비껴가긴 하지만 태양이 너무 뜨거워서 우리는 살지 못할 것이오."

"네?"

"태양의 열기에 포탄 우주선이 모두 녹는단 말이오."

으악! 그냥 이렇게 태양과 함께 사라진다고?

옐로우 큐의 수업노트 **04**

불타는 태양

초5-1 태양계와 별 | 중3 태양계

태양은 얼마나 뜨거울까?

핵융합이 일어나려면 수백만 도가 될 거야.

그건 태양의 중심이고.

겉부분은 덜 뜨겁다고?

그래도 태양 가까이 가기는 어려울걸?

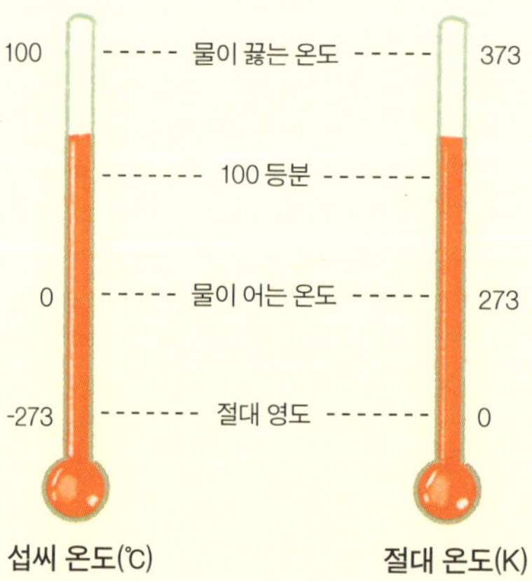

1. 절대 온도

온도 단위인 켈빈(K)을 알아보자. 우리가 주로 사용하는 온도 단위는 섭씨 온도(℃)야. 섭씨 온도는 물이 어는 온도를 0℃, 끓은 온도를 100℃로 설정하고 그 사이를 100등분해서 사용하는 상대적인 온도지.

켈빈이라는 사람이 고안한 켈빈 온도는 절대 온도라고도 불러. 일반적으로 기체는 온도가 낮아질수록 부피가 작아져. 그렇게 온도가 계속 내려가면 이론적으로 부피가 0이 되는 온도에 도

달할 거야. 섭씨 온도로는 영하 273.15℃가 돼. 이론적으로 온도가 더 내려가지 않기 때문에 그 온도를 0K로 둔 거야. 그러므로 절대 온도로 물이 어는 온도는 273.15K, 끓는 온도는 373.15K가 되는 거지.

2. 태양의 표면

태양은 밝게 빛나서 맨눈으로 보지 못하지만 선글라스 같은 필터를 이용해 관찰할 수 있어. 이때 태양의 표면에서 검은 점 같은 걸 볼 수 있는데, 이게 바로 흑점이야. 흑점은 자기장으로 인해 대류가 방해받아 평균적인 태양 표면의 온도(약 6,000K)보다 낮아지면서 검게 보이는 거야. 흑점의 온도는 4,000K~5,000K 정도라고 해. 흑점의 크기는 제각기 다른데, 거대 흑점은 지구의 10배 가까울 정도로 클 때도 있어.

흑점은 언제 발견되었을까? 중국 후한 성제 때의 《오행지》 기록에 의하면 기원전 28년 3월에 태양 가운데서 동전 모양의 검은 기운을 보았다고 적고 있어. 우리나라와 중국, 일본의 옛 문서에는 태양에 까마귀가 산다고 한 기록이 많이 보이는데, 아마도 흑점을 관찰해서 그렇게 적은 듯해.

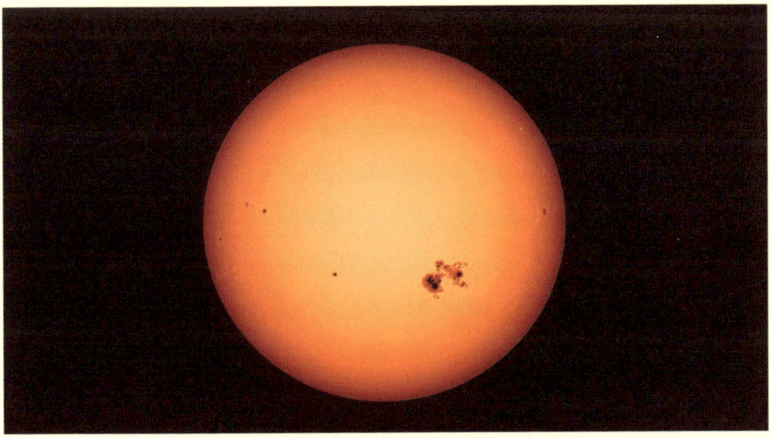

태양의 흑점

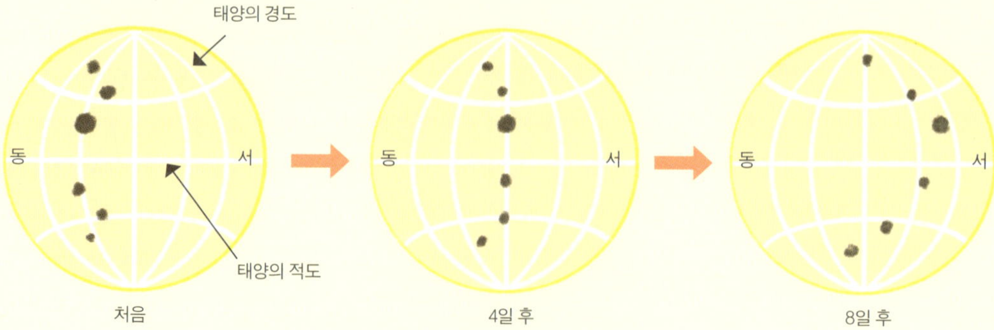

흑점의 의동

태양을 잘 관찰하면 흑점이 이동하는 것을 알 수 있어. 지구에서 보는 방향을 기준으로, 동쪽에서 서쪽으로 이동을 하지. 위 그림을 보면서 우리는 무엇을 알 수 있을까?

바로 태양은 서쪽에서 동쪽으로 자전한다는 거야. 그리고 흑점의 위치가 위도별로 다른 걸로 보아, 태양의 표면이 고체가 아니라 기체 및 플라즈마 상태라는 것을 확인할 수 있어.

태양은 평균적으로 27일의 자전 주기를 가지는데, 적도 지방의 자전 주기는 24~25일로 좀 더 짧아. 극지방의 자전 주기는 30일 이상으로 길고 말이야.

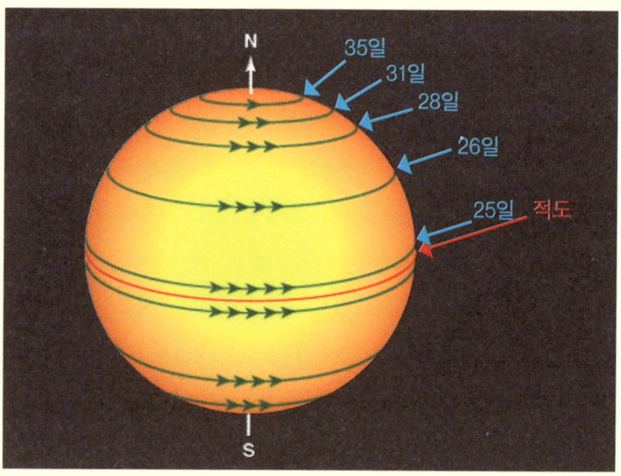

태양의 위도별 자전 주기

3. 태양의 활동

태양의 대기는 관찰하기 쉽지 않아. 평소에 광구가 너무 밝은데다 태양의 대기는 매우 희박하고 어둡기 때문에 개기 일식이 일어날 때만 관측이 가능하지. 우리 눈에 밝게 보이는 둥근 태양의 표면을 '광구'라고 하고, 광구를 둘러싸고 있는 부분을 '채층'이라고 해. 채층의 바깥쪽으로는 수백만 km 두께로 '코로나'라는 대기층이 있지.

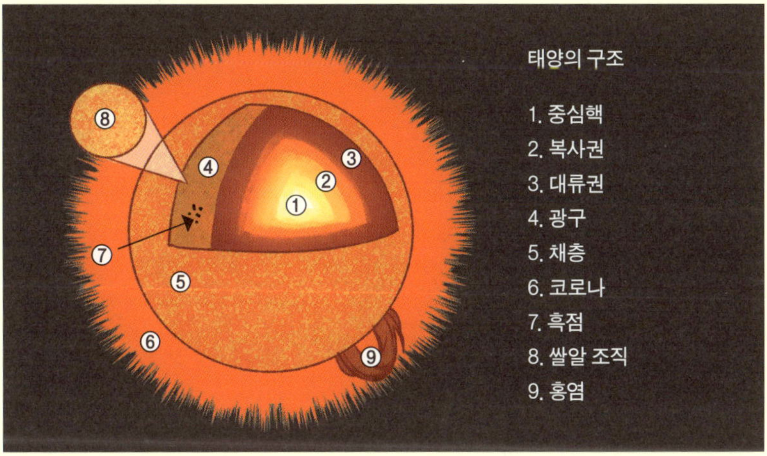

태양의 대기에서는 두 가지 현상을 관찰할 수 있어. 바로 '홍염'과 '플레어'야. 홍염은 온도가 높은 물질이 가스 기둥으로 솟아오르는 현상으로, 온도가 약 10,000℃야. 채층에서 홍염은 코로나까지 높이 올라가지. 주로 흑점의 주변에서 발생하고 광구나 채층보다 온도가 높아. 플레어는 흑점의 주변에서 일어난 폭발 현상으로, 이때 에너지와 대전된 입자들이 방출돼.

이렇게 태양이 활발하게 운동하면 어떠한 현상이 일어날까? 우선 흑점의 수가 많아져. 이 흑점은 약 11년을 주기로 그 수가 많아지거나 적어지는데, 이것으로 태양의 활동이 얼마나 활발하게 이루어지는 간접적으로 확인할 수 있어. 이렇게 태양의 운동이 활발해지면, 지구에도 영향을 미치게 돼. 오로라가 자주 발생하고, 자기 폭풍도 일어나지. 인공 위성이 고장 나거나 성능이 낮아지기도 해.

5 소행성대 탈출

우주선 안이 뜨거워졌다. 태양의 중력도 더 세져서 물건 하나 드는 것도 무척 힘들었다. 서연이 소파에 털썩 앉았다.

천문 과학의 미래를 위해 저들을 지구로 돌려보내야 한다는 사명감이 오지랖처럼 느껴졌다.《달나라 탐험》의 줄거리를 알 수만 있다면 미션을 완수할 수 있을 텐데. 이대로 태양 가까이에서 타 죽는 건 아닐까 불안했다. 소설을 읽었다는 옐로우 큐는 여전히 내용을 기억하지 못하고 있었다.

서연이 힘없는 목소리로 말했다.

"옐로우 선생님, 이대로 끝나지는 않겠죠?"

"나도 모른다네."

"선생님, Q 배지는 언제 빛날까요?"

서연이 주머니 속을 뒤지며 말했다.

"어? 어디에다 뒀지?"

주머니에 Q 배지가 없었다. 옐로우 큐와 백근이 서연을 도와 주변을 뒤졌다.

백근이 소파 속에서 무언가 물어뜯는 삼색이를 발견했다.

"삼색아, 뭐 해?"

"냐옹!"

삼색이가 무언가를 씹고 있었다.

"삼색아, 뭐야? 가져와 봐."

삼색이가 물고 온 것은 Q 배지였다.

"으악, 삼색이가 Q 배지를 물어 뜯었어요."

옐로우 큐가 Q 배지를 들었다. 밝게 빛을 품고 있었다. 서연이 Q 배지를 두 손으로 소중하게 받으며 말했다.

"드디어 우주 박물관으로 돌아가려나 봐요. 선생님, 어서 동해와 상백을 불러요."

옐로우 큐가 아래층에 대고 소리쳤다.

"동해야, 상백아. 나 좀 보자."

둘은 바비케인, 캡틴 니콜, 미셸 아르당을 뒤로하고 2층으로 올라왔다.

"으윽, 계단을 오르는 게 이렇게 힘들어졌네."

동해가 앓는 소리를 했다. 중력이 엄청 강해진 탓이다. 지구에서보다 몇 배는 움직이는 게 힘들었다. 태양의 질량을 고려하면 당연한 일이다.

동해와 상백이 바닥에 털썩 주저앉았다.

"선생님, 무슨 일이에요?"

옐로우 큐가 아래층 눈치를 한번 보고는 서연이 손에서 빛나고 있는 Q 배지를 가리켰다.

"이제 현실로 돌아가야 해."

서연이 기뻐하며 말했다.

동해와 상백은 표정이 어두워졌다. 둘은 동시에 아래층을 내려다보았다. 둘은 존경하는 바비케인과 캡틴 니콜이랑 헤어지는 게 싫은 것이다.

"바비케인 회장님 같은 신사는 다시 만날 수 없을 거야. 옆에서 평생 조교를 하고 싶었는데……."

동해가 아쉬운 목소리로 말했다.

"니콜 아저씨는 보기와 다르게 따뜻한 마음의 소유자야. 내 삐뚤어진 마음을 고칠 수 있었던 것은 니콜 아저씨 덕분이야."

상백도 아쉬워하며 말했다.

친구들이 답답해서 서연이 빽 하고 소리를 질렀다.

"너희들, 제발 정신 좀 차리자. 여기는 소설 속일 뿐이야."

더 이상 지체할 수 없다는 생각에 서연은 재빨리 빛나는 Q 배지를 공중에 높이 들었다.

"Q 배지야, 우리를 현실로 데려다줘."

순간 Q 배지에서 나온 강한 빛이 일행을 감싸안았다. 공간이 휘어지는 느낌을 받았다. 태양계의 행성들이 하나씩 커지다가 작아지기를 반복했다.

"으, 어지러워!"

서연은 눈을 감았다.

잠시 후 눈을 떴을 때 서연은 깊고 어두운 공간 속에 있었다. 일행 모두가 어두운 우주에서 떠다니고 있었다.

"뭐죠? 왜 우주 박물관으로 돌아가지 않은 거죠?"

서연의 물음에 옐로우 큐가 말했다.

"삼색이가 깨물어서 Q 배지가 오작동을 했나 봐. 서연 학생, Q 배지를 잘 봐 봐."

서연이 Q 배지를 살펴보았다. Q 배지의 보석이 어긋나 있었다. 삼색이가 물어서 생긴 문제가 분명했다.

"이걸 맞추면 다시 우주선으로 돌아가게 될 거야."

서연의 말에 동해와 상백이 하이파이브를 했다. 둘은 존경하는 바비케인과 니콜에게로 돌아가고 싶어 했다.

"으이구, 얘들아. 우리는 태양으로 돌진하는 우주선으로 가는 거라고."

서연만 우는 소리를 하며 Q 배지의 보석을 다시 맞추었다. 그러자 공간이 다시 휘어졌다.

"야옹."

"삼색아!"

우주선 안으로 다시 돌아온 것이다. 백근이 달려오는 삼색이를 안았다.

그런데 이상했다. 녹을 듯이 뜨거웠던 우주선 안이 전혀 덥지 않았고, 중력도 강하지 않았다.

"뭐야? 어떻게 된 거야?"

아래층에서 아르당이 호들갑 떠는 소리가 들렸다. 서연 일행은 재빨리 아래층으로 내려갔다. 아르당이 옐로우 큐를 보자마자 소리쳤다.

"나의 친구! 우주선이 크게 흔들리더니 태양이 사라졌지 뭐야."

Q 배지가 오작동을 일으켜 우주선이 우주 공간을 퀀텀 점프로 이동한 것이었다.

바비케인과 캡틴 니콜이 창문 밖을 보며 위치를 찾았다. 아르당이 참지 못하고 바비케인 뒤에서 재촉해 물었다.

"여기가 어딘가요? 회장님, 우리는 지금 어디 있나요?"

"아르당, 저 앞의 붉은 행성을 보면서도 모르겠소?"

"저게 무슨 별입니까?"

"화성이지."

캡틴 니콜이 대답했다.

우주선 창문 밖으로 거대하고 붉은 행성이 보였다. 붉은 행성에 남극처럼 하얀 곳이 보였다.

"이럴 수가! 바비케인 회장님, 우리는 3분 전까지 태양 가까이에 있었어요. 어떻게 이동한 거죠?"

"알 수 없는 힘이 작용한 것이오. 옐로우 선생은 그 이유를 아시오?"

옐로우 큐도 시원스레 답을 할 수 없었다. Q 배지에 관해 이야기를 할 수 없으니 말이다. 옐로우 큐가 어깨를 으쓱 올리며 양자 점프 즉 퀀텀 점프에 관해 얼버무리듯 설명했다.

"퀀텀 점프는 원자나 분자 내의 전자가 한 에너지 레벨에서 다른 에너지 레벨로 갑자기 이동하는 현상을 의미합니다. 이는 전자가 에너지를 흡수하거나 방출하면서 발생하며, 이러한 에너지 상태의 변화는 연속적이지 않고 불연속적이지요. 즉, 전자는 두 에너지 레벨 사이를 점프하듯이 이동합니다."

바비케인은 고개를 갸우뚱하며 창문으로 화성을 보았다.

서연이 조용히 옐로우 큐에게 물었다.

"선생님, 지금 설명한 내용이 진짜예요?"

"아니라네. 하지만 삼색이가 Q 배지를 물어 뜯어서 생긴 현상이라고 어떻게 말해?"

둘이 속닥속닥거리는 걸 듣고 바비케인이 말한다.

"우리가 왜 여기 있는지는 지금 중요하지 않아. 중요한 건 우리가 지금 화성을 보고 있다는 것이지. 어서 화성을 관찰하세나."

캡틴 니콜이 망원경으로 화성을 들여다보고는 말했다.

"저기 화성의 극지방에 얼음이 있는 것 아닌가?"

"그러게. 정말 놀랄 일이야. 화성에 물이 있다는 증거야."

"그럼 화성인이 있겠군."

캡틴 니콜의 말에 어두웠던 아르당의 표정이 밝게 변했다.

"화성인? 우와! 나 아르당은 화성인을 만나고 싶어요. 이제 난 화성인이다!"

손을 들고 춤추는 아르당에게 다이애나가 달려와 같이 펄쩍펄쩍 뛰었다.

"하하하, 아르당. 안타깝지만 화성에는 사람이 없다네."

옐로우 큐가 아르당의 어깨를 잡으며 말했다. 그의 말에 모두의 시선이 쏠렸다. 바비케인이 물었다.

"옐로우 선생, 화성에 대해 아는 것이 있소?"

"네, 화성은 철분이 많이 포함된 흙으로 되어 있어요. 그래서 붉게 보이는 것이죠. 그리고 저 하얀 것은 얼음이 아니랍니다. 이산화 탄소가 언 드라이아이스입니다."

"드라이아이스? 그럼 화성은 춥겠군."

"그렇습니다. 하지만 그나마 사람이 살 수 있는 별로는 화성이 제격입니다. 지구 반 정도의 크기인데 자전 주기도 거의 지구와 같은 24시간 37분이랍니다. 그리고 자전축이 25도 기울어져 4계절이 나타날 수 있죠."

"정말 지구와 환경이 비슷하군."

바비케인은 망원경으로 화성을 바라보며 뭔가 수치를 적기 시작했다.

현대의 지구에서는 화성 이주를 위한 연구가 한창이었다. 옐로우 큐는 끝없이 도전하는 바비케인에게서 테슬라의 일론 머스크가 보였다.

"바비케인 회장님, 제가 읽은 소설에 일론 머스크라는 괴짜가 나옵니다."

"괴짜?"

"네, 그는 화성에 지구인을 이주시키겠다는 야심찬 계획을 세웠죠."

"사람들이 괴짜라고 부를 만하군."

"회장님이 달 착륙에 도전하는 것처럼, 화성 개척에 도전하는 거랍니다. 그런 어처구니없는 시도 덕분에 과학이 발전하는 것이고요."

바비케인이 웃으며 물었다.

"그가 성공했소? "

"글쎄요. 이곳에 오느라 책을 다 읽지 못했습니다. 성공이 쉽지는 않을 거예요. 화성에는 산소가 희박하거든요."

서연도 일론 머스크의 화성 이주 계획을 뉴스에서 본 적이 있었다. 옐로우 큐가 사실을 소설이라고 바꾸어 말한 걸, 서연은 다행이라고 생각했다.

바비케인과 캡틴 니콜이 우주선의 경로를 계산하러 1층으로 내려갔을 때였다. 서연이 옐로우 큐에게 물었다 .

"선생님, 화성에 물이 있어요?"

"화성의 극지방에 물이 얼음 형태로 있을 것이라고 예상한다네. 만약 화성으로 이주한다면 극지방에 정착해야 하지. 세계 각국이 탐사선을 극지방으로 보내는 이유라네."

서연은 붉게 타오르는 것 같은 화성을 내려다보았다. 언젠가 지구인들은 저기 화성에 집을 짓고 살아갈 것이다.

서연은 주머니에서 Q 배지를 꺼냈다. Q 배지가 저 멀리 태양의 빛을 반사하여 희미하게 반짝였다.

'아직 우리가 할 일이 남은 거지? 너는 언제 밝은 빛을 낼 거니? 설마 우주 미아가 되도록 우리를 내버려두는 건 아니지?'

화성의 중력 때문에 좋은 점은 불을 피울 수 있다는 것이었다. 백근은 불을 이용하여 밥을 했고 말린 채소들을 넣어 볶음밥을 만들었다. 저녁을 맛있게 먹은 뒤에는 찻잎을 우려 티타임을 가졌다.

그때 아르당이 포탄 우주선 위쪽 창문을 손가락으로 가리켰다.

"와! 지구와 달을 보세요. 이런 장면을 보다니, 우리는 정말 운이 좋은 사람들이네요."

"미안한데, 아르당. 지금은 눈으로만 감상했으면 좋겠어."

바비케인의 말에 아르당이 입술에 지퍼를 닫는 시늉을 했다.

저 멀리 작은 지구와 달이 보였다. 푸른색 지구와 회색빛의 달은 정말 아름다웠다.

차를 마시는 동안 다들 아무 말이 없었다. 그저 푸른 별 지구를 눈에 담고 또 담았다.

차를 다 마시자 바비케인 회장이 입을 열었다.

"포탄 우주선은 엄청난 속도로 태양에서 멀어지고 있소."

"그리고 목성과 토성에 가까워지고 있지."

캡틴 니콜이 짧게 설명을 덧붙였다.

"토성이요? 토성이라면 아름다운 고리를 가지고 있는 멋진 행성이잖아요."

아르당이 행복한 표정을 지었다. 바비케인과 캡틴 니콜이 동시에 고개를 끄덕였다.

"포탄 우주선은 아무 방해 없이 목성으로 직진할 것이오."

바비케인이 자신감 있게 말했다. 그 말에 일행은 모두 환호성을 지르고 박수를 쳤다.

붉은 별 화성이 어느덧 멀어지면서 우주선은 다시 무중력 상태가 되었다. 바비케인 회장의 예상대로 우주선은 아무 일 없이 목성을 향해 나아갔다. 하지만 왠지 모르게 서연의 불안은 가시지 않았다.

그날 밤 서연은 깊은 잠을 자지 못했다.

틱.

포탄 우주선에 무언가 부딪치는 소리가 들렸다. 고요한 우주에서는 모래알이 부딪치는 소리도 크게 울리는 법이다.

틱틱.

또 소리가 들렸다. 서연은 졸린 눈을 비비고 창문의 덧문을 열었다. 원래는 컴컴한 우주가 보여야 했다. 그런데 눈앞에 운석이 가득했다.

"비상! 비상이에요! 모두 일어나세요."

"서연 학생, 왜 그래? 또 귀신이라도 나타났어?"

"빨리 일어나세요! 이러다 운석과 충돌하겠어요."

서연의 다급함에 아래층 사람들이 2층으로 급히 날아왔다. 바비케인이 창문 밖에 가득한 운석들을 보고 표정이 굳어진 채 혼잣말을 했다.

"뭐지? 우주는 대부분 빈 공간일 텐데, 왜 이렇게 운석이 많이 있는 거야?"

옐로우 큐가 이마에 손을 얹고 펄쩍 뛰었다.

"소행성대! 소행성대를 깜박했어요."

"소행성대? 옐로우 선생, 그게 뭐요?"

"화성과 목성 사이에는 수천 개의 소행성이 있어요. 지금은 이런 작은 모래지만 점차 커질 거예요. 소행성 중 가장 큰 것은 지름이 950km예요."

서연은 자신이 불안했던 이유를 이제야 깨달았다. 분명 태양계를 배울때, 소행성대를 배웠다. 서연은 깜박 잊고 있던 자신을 자책했지만, 지금은 괴로워하고 있을 겨를이 없었다.

티틱틱 쿵!

엄지손톱만 한 돌이 우주선에 부딪혔다. 금속으로 된 우주선이 웅 하고 울렸다. 손톱 크기의 돌이 부딪히는 것도 이 정도의 충격인데, 주먹만 한 운석과 부딪치면 우주선에 구멍이 날 것이다.

"옐로우 선생님, 지금 이 경로로 계속 간다면 큰 소행성과 충돌할 거예요."

옐로우 큐가 머리를 쥐어뜯으며 말했다.

"으, 생각 좀 해 볼게."

바비케인과 캡틴 니콜은 망원경으로 운석의 방향을 살펴보았다.

잠시 후 캡틴 니콜이 새로운 사실을 알려 주었다.

"한 시간 정도 거리에 축구공만 한 운석을 발견했어. 곧 충돌할 것 같은데, 어쩌지?"

바비케인이 운석을 살피더니 말했다.

"어서 피할 방법을 생각해 보자고."

쿵쿵!

작은 돌이 연속해서 부딪쳤다. 무중력 상태로 공중에 떠 있는데도, 몸으로 충격파가 전해졌다. 서연이 머리를 쥐어뜯고 있는 옐로우 큐에게 소리쳤다.

"선생님, 얼른요! 방법이 없나요?"

우주에서는 관성의 법칙에 따라 같은 방향으로 운동 상태를 유지한다. 따라서 날아가는 우주선의 속도와 방향을 바꾸려면 엔진 같은 힘이 필요하다. 하지만 연료는 다 쓰고 없었다.

긴박한 상황에 아르당이 다이애나를 안고 말했다.

"소행성과 충돌하다니! 이런 경험도 나쁘지 않지. 안 그래, 다이애나?"

"컹컹."

자신에게 닥칠 일을 모르는 다이애나는 멀리서 다가오는 운석들을 보고 짖어 댔다.

"이제 30분 남았소."

캡틴 니콜이 시간을 정확히 측정해 말해 주었다. 팔짱을 끼고 반대편 태양을 살펴보던 바비케인이 말했다.

"옐로우 선생, 선생이 만든 엔진을 다시 사용할 수 있소?"

"엔진은 멀쩡하지만, 지난번 금성에서 경로를 바꿀 때 연료를 다 썼습니다."

"연료가 있다면 주입할 수 있겠소?"

"그럼요. 하지만 연료를 어디서 구합니까?"

"음식과 난방을 위해 빼두었던 가스를 주입하시오."

우주선 1층에는 난방과 조리를 위한 가스가 3통 있었다. 약 2개월 분 정도의 양이었다.

옐로우 큐가 기쁨의 환호성을 질렀다.

"1개월 치 정도의 연료면 충분합니다."

"그럼 우주선에서의 우리 수명은 단축되겠지."

캡틴 니콜은 중요한 부분을 지적했다. 안 그래도 우주선은 추워지고 있었다. 태양과 거리가 멀어지고 있기 때문이었다.

"하지만 30분 후에 운석과 충돌하는 것보다 춥고 배고픈 게 낫지 않겠어요?"

옐로우 큐의 말에 캡틴 니콜은 손목시계를 보았다.

"정확히 27분 뒤오."

바비케인이 손뼉을 쳐 모두의 시선을 모았다.

"자자, 지금은 당장의 위기를 벗어나야 하오. 모두 아래층으로 내려가 소행성대를 탈출합시다."

모두 일사분란하게 움직였다. 옐로우 큐가 가스통 하나를 분리해 엔진의 연료 주입구에 연결했다. 밸브를 열자 쉭 소리를 내며 가스가 빨려 들어갔다.

"이제 4분 남았소."

"다 됐어요. 엔진을 가동하면 관성이 생기니 모두 안전벨트를 매야 합니다."

옐로우 큐의 명령에 따라 모두 자리에 앉아 안전벨트 매고 손잡이를 꽉 움켜쥐었다.

"2분!"

그때 새끼 고양이가 허공으로 허우적거리며 날았다. 백근이 새끼 고양이를 놓친 것이다.

"으악! 삼색아."

"1분."

백근이 안전벨트를 풀려고 했다. 옐로우 큐가 소리쳤다.

"백근 학생, 위험해!"

그때 다이애나가 허공으로 날아 삼색이를 물었다. 그리고 천장을 박차고서 다시 백근에게 날아왔다.

"고마워, 다이애나."

"엔진 가동!"

그 순간 엄청난 관성이 생겼다. 몸이 뒤로 확 쏠렸다. 아슬아슬하게 날아오는 운석을 피할 수 있었다.

포탄 우주선은 소행성대를 피해 위로 올라갔다. 태양계의 모든 행성은 대부분 원반처럼 공전을 하기 때문에 위쪽에는 소행성이 없었다. 그렇게 포탄 우주선은 다시 안전을 확보했고, 목성으로 방향을 꺾었다.

1개월 분의 가스를 모두 사용했지만, 후회 없는 탈출이었다.

옐로우 큐의 수업노트 05

상대성 이론이 뭐야?

초5-1 태양계와 별 | 중3 태양계

사람마다 시간이 다르게도 흐를 수 있다는 것을 아니?

에이, 그럴 리가요. 시간은 모두에게 같은 것 아냐?

상대성 이론에 의하면 시간은 다르게 흐를 수 있대.

재밌는 게임을 하면 시간이 빨리 흘러가는 것 같아.

헤헤, 난 먹을 때 빨리 흐르던데.

1. 특수 상대성 이론

상편에서 우리는 '속도는 관찰자에 따라 모두 상대적이다'라는 것을 배웠어. 움직이는 물체의 속도는 절대적인 것이 아니라, 기준을 무엇에 두냐에 따라 관찰자가 느끼는 물체의 속도는 달라질 수 있다는 상대 속도에 대해 이해했을 거야.

여기에 아인슈타인은 '광속 불변의 법칙'을 주장하게 돼. 상대 속도와 달리 빛의 속도는 관찰자가 빛이 이동하는 방향으로 함께 이동하든, 혹은 반대로 이동하든, 또는 멈춰 있든, 항상 일정한 속도로 관측된다고 설명했어. 이때의 속도는 우주의 한계 속도이고, 다른 어떤 존재도 빛보다 빠를 수는 없다는 걸 전제로 하는 이론이야.

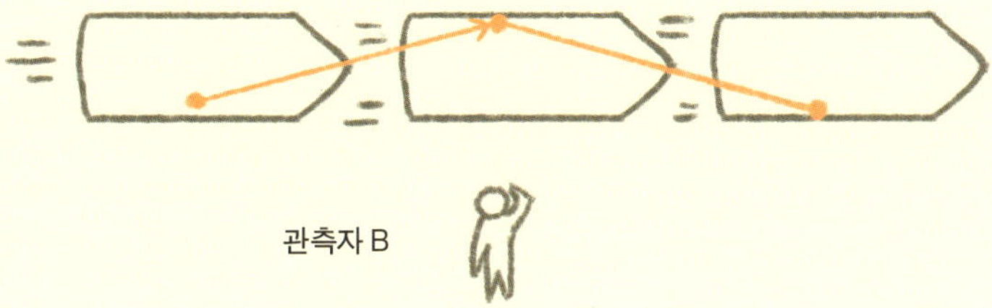

왼쪽에서 오른쪽으로 아주 빠르게 이동하는 로켓이 있다고 가정해 볼게. 로켓 안에는 빛이 수직 방향으로 왔다 갔다 하는 막대기가 있어. 막대기의 길이는 1m이고, 빛이 그 1m를 이동할 때는 1초가 걸린다고 가정해 보자. 로켓 안에 있는 사람은 빛이 한 번 위아래로 왕복하면 거리는 2m고 시간은 2초가 걸릴 거야. 로켓의 속도는 영향을 주지 않아. 막대기와 관찰자 모두 로켓 안에서 동일한 속도로 움직이고 있기 때문이지.

그런데 로켓 밖에서 이 현상을 관찰하는 사람은 어떨까? 로켓이 매우 빠르게 이동한다고 했잖아. 막대기의 빛이 위아래로 이동한 2초 동안 로켓은 오른쪽으로 꽤 멀리 이동했을 거야. 관찰자의 눈에 보이는 빛의 방향은 위아래가 아니라 사선 방향이지. 이처럼 빛이 사선으로 이동했다면 그 궤적은 수직선 때보다 더 길게 측정될 거야. 즉, 2초 동안 이동한 거리가 더 긴 거야. 이 때문에 빠른 속도로 이동하는 로켓 안의 관찰자는 시간이 더 천천히 간다고 느끼게 되고, 정지해 있는 로켓 밖의 관찰자는 시간이 빠르게 간다고 느끼게 된다는 게 아인슈타인의 특수 상대성 이론이지.

2. 일반 상대성 이론

일반 상대성 이론은 중력을 공간의 휘어짐으로 설명하는 이론이야. 중력은 질량이 있는 물체끼리 서로 당기는 힘이지. 이는 뉴턴이 수학적으로 정리해서 그동안을 지배했던 이론이야. 물론 지금도 우리는 학교에서 뉴턴의 중력을 배우고 있고 말이야.

일반 상대성 이론은 어려우니 최대한 간단하게 설명할게. 태양계 행성들은 태양을 공전하고, 달은 지구를 공전해. 행성이 공전하려면 중심으로 잡아당기는 힘이 필요해. 이것이 바로 중력이지. 하지만 아인슈타인은 이를 다르게 해석해. 질량이 큰 물체가 있다면 공간이 휘어진다는 거야. 우리가 공간의 휘어짐을 볼 수는 없지만, 상상해 본다면 아래 그림처럼 될 거야. 뭔가 스폰지에 무거운 쇠구슬이 올라간 것 같지? 아마 쇠구슬 옆으로 작은 유리 구슬을 굴리면 둥글게 원운동을 할 거야. 공간이 휘어져 있기 때문이지.

질량이 큰 행성으로 인해 우주 공간이 휘어진다는 상상

일반 상대성 이론은 나중에 증명이 되었어. 태양 뒤에 있는 별을 생각해 보자. 이 별빛은 태양에 가려져 있어서 관측이 불가능해. 하지만 공간이 휘어져 있다면 태양 뒤에 있는 빛은 휘어져 다시 앞으로 나와 우리에게 관측될 거야. 1919년 5월 29일 개기 일식 때 에딩턴은 아인슈타인의 가설을 증명했어. 이로 인해 아인슈타인은 유명해졌지.

앞에서 배운 블랙홀을 다시 생각해 보자. 블랙홀은 질량이 엄청나게 커서 공간이 심하게 왜곡되었지. 그래서 빛이 빠져나오지 못하는 거야. 물론 질량이 없는 빛은 계속 직진하는 것이겠지만 말이야.

3. 화성

화성

화성의 '화' 자는 불을 뜻하는 한자야. 밤하늘의 화성을 보면 불에 타는 것처럼 보이기 때문에 동양에서는 화성이라고 이름을 지었어. 화성이 붉게 보이는 것은 산화철 성분 때문이야.

1960년 대까지만 해도 사람들은 화성에 사람이 살 것이라고 생각했어. 이유는 극지방에 지구의 빙하처럼 하얀 물체가 주기적으로 변하는 것이 보였고, 이것을 얼음이라고 생각했대. 화성에 운하처럼 보이는 지형이 있다는 점도 화성에 사람이 산다는 증거로 여겼지.

하지만 관측선이 다가가서 자세히 살펴보니 운하는 없었어. 빙하처럼 보이는 것도 이산화 탄소가 고체 상태로 있는 드라이아이스였지.

화성의 크기는 지구의 반 정도 되지만, 자전축이 25.19도 기울어져 있고, 자전 주기도 24시간 37분으로 지구와 비슷해. 자전축이 지구와 비슷하다는 것은 4계절이 나타날 수 있다는 걸 의미해. 그래서 많은 과학자들이 달 개척 후 화성에 관심을 갖는 것이지. 기압이 낮아서 물이 증발하는 문제가 있지만 그나마 태양계에서 지구를 대체할 행성이라는 의견이 지배적이야.

6 목성과 토성의 발견

포탄 우주선은 맹렬한 속도로 태양에서 멀어졌다. 이제 맨 눈으로 목성의 가로 줄무늬를 볼 수 있었다. 목성은 무척 큰 행성이다. 옐로우 큐는 목성의 질량이 엄청나기 때문에 자칫 우주선이 끌려갈 수 있다며 걱정했다.

한편 아르당은 목성의 아름다운 모습을 눈에 넣겠다는 듯 며칠 동안 창문에 매달려 있었다.

"애들아, 목성의 가로 줄무늬를 봐. 어쩜 저렇게 아름다울 수가 있을까?"

바비케인과 캡틴 니콜은 식사 시간을 빼고는 목성 관찰에만 몰두했다.

"옐로우 선생, 목성에 대해 알려 주시오."

"겉으로 보기에는 아름답지만, 사실 목성은 아주 무서운 행성이랍니다."

"위험하다는 뜻이오?"

"그렇습니다. 목성의 질량은 태양을 제외하면 태양계 질량의 70%나 차지합니다. 지름은 약 14만km로 매우 큰 행성이지만 자전 주기가 약 10시간 정도로 짧습니다."

"초속 12.6km지."

캡틴 니콜이 빠르게 자전 속도를 계산했다. 캡틴 니콜이 계산한 엄청난 속도에 바비케인도 놀라 입이 벌어졌다.

"저 가로 줄무늬는 빠르게 자전해서 생긴 것이로군."

"역시 뛰어난 통찰이십니다. 목성은 수소와 헬륨으로 되어 있습니다. 조금만 더 질량이 컸다면 태양처럼 수소핵 융합을 해서 하나의 별이 될 수도 있었죠."

"그랬다면 지구도 없었겠지."

목성을 바라보는 바비케인의 눈동자가 커졌다 작아지기를 반복했다.

"저것은 무엇이오?"

캡틴 니콜이 목성의 붉은 점을 가리켰다.

"남위 22도에 위치한 고기압성 폭풍 지대로, 대적점이라고 합니다. 목성 대적점은 최대 풍속 640km/h의 속도로 소용돌이가 불고 있지요. 이것은 지구의 가장 강력한 5등급 허리케인의 2배가 넘는 속도입니다."

서연이 목성을 바라보다가 뭔가 번쩍이는 것을 발견했다.

"선생님, 목성에 번개가 치나 봐요?"

"목성 대기에서는 항상 번개와 돌풍이 발생하지."

"선생님, 목성은 위성이 몇 개나 있나요?"

"목성에는 90여 개의 위성이 있다네. 갈릴레이가 발견한 위성 이오, 유로파, 가니메데. 칼리스토는 달만큼 크다네."

옐로우 큐가 목성에 관해 설명하는 동안, 포탄 우주선은 목성의 인력에 의해 포물선 운동을 했다. 그네처럼 포탄 우주선의 속력이 점차 빨라졌다. 그렇게 며칠 목성 주변을 이동하는 동안 바비케인은 밤낮으로 목성을 관찰했다. 잠은 언제 자는지 걱정되었다.

어느 날 밤, 서연은 자다가 깨어났다. 아래층에서 창문의 덧문을 열었는지 빛이 새어 들어오고 있었다. 고개를 내밀고 아래를 보니 바비케인이 꼿꼿이 서서 거대한 목성을 뚫어져라 보고 있었다. 그 뒤에 동해가 멀찍이서 바비케인을 지켜보고 있었다.

서연은 조용히 계단을 내려가 동해 쪽으로 갔다.

"동해야, 뭐 해?"

"어, 서연아. 아무래도 바비케인 회장님이 이상해. 요즘 식사도 안 하고 잠도 안 주무셔. 저렇게 목성만 바라보고 계셔."

"원래 연구를 열심히 하시잖아."

"아니야. 평소와는 달라. 뭔가 이상해."

바비케인을 걱정하는 동해의 마음이 느껴졌지만, 서연은 수척해 보이는 동해가 더 염려스러웠다.

"이러다 동해 네 건강이 나빠지겠어. 어서 올라가서 쉬자."

"난 좀 있다가 잘게. 먼저 올라가."

서연은 별 수 없이 동해를 두고 올라와서 잠을 청했다.

다음 날 바비케인은 몹시 수척해 보였다. 게다가 눈빛이 평소와 달랐다. 광기에 사로잡힌 것 같다고 해야 할까?

"바비케인 회장님, 괜찮으세요?"

바비케인은 서연을 돌아보지 않고 말했다.

"저 거대한 대적점을 보게. 목성의 빨간 눈 같아. 달리 보면 입 같기도 하고."

바비케인의 말처럼 목성의 거대한 소용돌이가 마치 입이나 눈처럼 보였다.

"네, 그렇게 보이네요."

"저 목성이 우리를 부르는 것 같지 않나?"

"네? 무슨 말씀을 하시는 거예요?"

"저 붉은 눈이 우리 포탄 우주선을 부르고 있다네."

"옐로우 선생님이 그랬잖아요. 저곳에는 허리케인보다 두 배는 강력한 돌풍이 불고 있다고요. 저 소용돌이에 빨려 들어가면 포탄 우주선은 형체도 남지 않을 거예요."

"아니, 저기에는 꿈의 낙원이 있을 거야."

그때 위층에서 백근과 동해가 내려왔다. 통조림에서 막 꺼낸 신선한 과일과 고기를 담은 접시를 들고 있었다.

"바비케인 회장님, 이것 좀 드셔 보세요."

"목성은 사실 천국인 거야. 저기 목성이 우리를 부르는 소리가 들리지 않는가?"

"무섭게 왜 그러세요. 저건 목성의 소용돌이일 뿐이에요."

"계속 날 부르고 있어. 이리로 오라고 말이야."

뭔가 긴급한 상황이다. 서연의 머릿속에 옐로우 큐가 말한 팬도럼이란 정신 분열이 떠올랐다. 아기 울음 소리를 들었다는 백근의 환청은 오해였다. 하지만 지금 바비케인은 정신적으로 문제가 생긴 게 분명했다.

동해가 포크로 고기를 찍어 바비케인의 입으로 가져갔다.

"회장님, 어찌 되었건 드셔야 힘을 내죠."

"저리 치워!"

바비케인은 동해가 들고 있는 접시를 손으로 쳤다. 접시와 음식물이 바닥에 나뒹굴었고 주변이 엉망이 되었다. 큰 소란이 나자 옐로우 큐와 다른 사람들 모두 아래층으로 내려왔다.

서연이 옐로우 큐에게 말했다.

"선생님, 회장님이 이상해요."

아르당이 바비케인의 옆으로 가서 팔을 잡았다.

"회장님. 왜 그러세요?"

"저 목성이 부르고 있잖아. 우리 저 목성으로 가세나. 목성인이 되자고!"

"그래요. 같이 가시죠. 하지만 지금은 일단 진정하세요."

바비케인은 아르당의 손을 뿌리쳤다.

"난 이 포탄 우주선의 선장이야. 포탄 우주선의 방향을 목성의 대적점으로 바꿔야겠어."

옐로우 큐 역시 상황의 심각성을 깨달았다.

"큰일이야. 우주에서 장기간 생활할 때 나타나는 패닉 상태에 빠진 것 같아. 회장님은 정신적, 신체적으로 무너지고 있어."

바비케인이 갑자기 가스통을 떼어 내어 엔진에 연료를 주입하려고 했다.

캡틴 니콜이 바비케인의 앞으로 다가가 달래듯 말했다.

"이봐, 바비케인. 나의 영원한 경쟁자가 이렇게 무너져서야 되겠나?"

바비케인은 멈칫하더니 소리를 질렀다.

"다가오지 말게. 나를 막지 마."

"알았어. 하지만 가스통을 다시 돌려놓게. 그건 마지막 연료야. 그게 없으면 우리 모두 얼어 죽을 일만 남는다고."

바비케인의 눈이 광기로 번득였다. 바비케인은 숨겨 둔 칼을 꺼냈다. 누구든지 다가오면 찔러 버릴 기세였다.

"엉엉, 회장님. 도대체 왜 그러세요!"

동해가 울음을 터뜨렸다.

"왜 우는 거야? 우리는 곧 천국으로 갈 텐데."

동해가 울면서 바비케인에게 다가갔다.

"다가오지 마. 난 애들이라도 봐주지 않아."

서연이 동해를 보며 소리쳤다.

"동해야, 위험해! 다가가지 마."

동해는 서연의 말에도 아랑곳하지 않고 바비케인에게로 점점 다가갔다. 바비케인은 칼을 번쩍 들었다.

상백은 친구를 구하기 위해 어쩔 수 없이 폭력적인 방법을 쓰기로 했다. 쟁반을 들고 몰래 다가가 바비케인의 머리를 내려쳤다.

바비케인은 칼을 떨어뜨리고 그 자리에 쓰러졌다.

"회장님!"

동해는 바비케인에게 다가가려 했지만 다리에 힘이 풀려 바닥에 주저앉고 말았다.

대신 캡틴 니콜이 달려가 바비케인을 살펴보았다.

"회장님은 괜찮은가요?"

"괜찮아. 바비케인은 튼튼한 사람이거든."

며칠 동안 바비케인을 위해 특단의 조치가 내려졌다. 포탄 우주선 창문의 덧문은 모두 닫혔다. 목성의 대적점을 보면 바비케인이 또 이상해질지 모르기 때문이었다. 동해가 고집을 부려 환자의 옆을 지키기로 했다. 바비케인이 하던 일은 캡틴 니콜과 옐로우 큐가 대신하고 그 옆에서 상백과 서연이 도왔다.

백근은 토마토 캔과 고기로 영양 만점 스프를 만들었고 동해는 바비케인에게 정성껏 먹였다. 포탄 우주선이 목성을 벗어날 때쯤 바비케인이 정신을 차렸다.

"동해 군, 창문의 덧문을 열게."

"회장님이 또 이상해지는 것을 볼 수는 없어요."

"난 괜찮네. 우리 위치를 확인하려는 거야."

캡틴 니콜이 바비케인이 깨어났다는 소식을 듣고 달려왔다.

"이제 괜찮나, 친구?"

"니콜, 우리 위치가 어디쯤이지?"

"이제 목성을 벗어나 토성으로 맹렬히 다가가고 있네."

"볼 수 있을까?"

캡틴 니콜은 동해의 어깨를 잡았다.

"동해 군, 3번 창문을 열게."

동해가 일어나 창문의 덧문을 열었다. 거기에는 아름다운 토성이 있었다.

"제대로 가고 있군."

"내가 잘 조절하고 있었다네. 이제 괜찮은 건가?"

"나쁜 꿈을 꾼 것 같아. 이제는 완전히 깨어났네."

서연은 크게 한숨을 내쉬었다. 바비케인은 빠르게 회복해서 하던 일에 몰두했다. 팬도럼 현상을 겪었지만 다시 열정이 넘치는 과학자로 돌아와 있었다.

토성까지의 거리는 멀었다. 태양에서 지구까지 거리가 1이라면 토성은 무려 9.5다. 목성이 5.2이니 목성에서 토성까지는 굉장히 먼 거리였다. 우주선은 2주일째 무중력 상태를 유지하며 우주를 날아가고 있었다. 토성의 고리가 점차 선명하게 보이기 시작했다.

사람들은 점점 가까워지는 토성을 관찰하며 토론과 감상을 이어나갔다. 태양계 행성들의 아름다움을 견주어 순위를 매긴다면 누가 봐도 1등은 토성이다.

"과연, 토성의 띠를 맨눈으로 보니 무척이나 아름답군. 그런데 망원경으로 보니 얼음 조각, 돌 조각일 뿐이야."

"우리만이 그 진실을 아는 사람이 되겠지?"

캡틴 니콜의 대꾸에 아르당이 고개를 가로저었다.

"나는 보지 않을래요. 아름다운 환상을 깨고 싶지 않아요."

바비케인 옆에 붙어 있던 동해가 말했다.

"회장님, 토성의 밀도는 0.7이래요."

"목성과 마찬가지로 가스로 이루어졌기 때문이구나."

캡틴 니콜 옆에 붙어 있던 상백도 말을 더했다.

"충분히 큰 바다가 있다면 토성은 물에 뜨는 유일한 행성이 되는 것이죠."

"물에 떠 있는 토성이라니, 멋있구나."

서연은 주방에서 남은 음식과 물을 확인했다. 마지막 한 끼 식량과 물만 남아 있었다. 서연은 우주 여행의 끝이 다가왔다는 것을 직감했다.

주머니 속의 Q 배지를 꺼내 보았다. Q 배지가 어렴풋하게 빛나고 있었다. 언제부터인지 다이애나가 서연을 올려다보고 있었다. 서연이 다이애나의 목을 껴안으며 말했다.

"다이애나, 너랑 먼저 인사할게. 목소리 미션의 마지막 문장은 여전히 생각나지 않아. 그리고 《달나라 탐험》의 줄거리는 모르고. 하지만 이 우주 여행은 오늘 끝이 날 것 같아."

다이애나는 서연의 마음을 알았는지 멍멍 짖고는 서연의 얼굴을 핥았다.

서연은 우주선을 돌아보았다. 백근이 듬직한 등을 보이며 요리하고 있었다. 항상 뒤에서 궂은 일을 묵묵히 해내는 착한 친구다.

"백근아, 뭐 만들어?"

백근이 접시를 보여 주었다. 접시 위에 토성 모양의 팬케이크가 있었다.

"와, 토성을 보며 토성을 먹는 거야?"

"연료와 식재료가 끝나 가. 마지막이라서 신경 좀 썼지."

"걱정 마. 미션이 곧 완성될 거야."

서연은 빛나는 Q 배지를 꺼내 백근에게 보여 주었다.

"그럼 남은 식재료를 아낌 없이 써도 되겠네?"

서연이 고개를 끄덕였다. 백근이 뒤집개를 높이 들었다.

"좋아. 내가 우리의 마지막 만찬을 준비해 보겠어!"

서연은 1층으로 내려왔다.

바비케인 회장이 뒷짐을 진 채 토성을 바라보고 있었다. 강한 리더십으로 포탄 우주선의 선장 역할을 톡톡히 해낸 바비케인. 늘 그랬듯이 바비케인 옆에는 동해가 껌딱지같이 붙어 있었다.

캡틴 니콜은 뭔가 종이에 열심히 계산하고 있었다. 상백은 늘 캡틴 니콜 옆에 붙어 있으면서 그가 복잡한 수식을 계산

할 때면 늘 인상을 잔뜩 찌푸리며 보고 있었다.

"난 토성인이 될 테야."

토성을 보며 춤을 추고 있는 아르당은 마치 옐로우 큐와 쌍둥이 같았다. 엉뚱하지만 아르당 아저씨의 밝은 목소리가 없었다면 우주선 생활을 견디기 어려웠을 것이다.

다이애나는 삼색이를 자신의 새끼마냥 데리고 다녔다. 두 마리의 동물 친구가 살풍경한 우주선을 따뜻하게 만들어 수 있었다.

"여러분, 지금 백근 요리사가 우주 최고의 음식을 만들었답니다. 어서 먹으러 오세요."

"내가 먼저야."

"아니, 내가 먼저야."

동해와 상백이 우당탕거리며 2층으로 올라갔다. 둘은 어느새 잘 어울리는 친구가 되었다.

2층에서 백근이 뒤집개를 흔들며 말했다.

"토성 팬케이크 드세요. 오늘은 맘껏 드세요."

사람들이 자리를 잡고 앉았다.

아르당이 토성 모양의 팬케이크를 들고 흔들었다.

"먹자, 먹자, 먹자. 토성을 먹어 보자."

백근은 몇 가지 요리를 더 하고 따뜻한 차도 충분히 우렸다. 바비케인도 캡틴 니콜도 연료와 식재료를 마음껏 쓰는 백근을 나무라지 않았다. 평소 같았으면 오랜 여행을 위해 아끼라고 했을 것인데 말이다. 어쩌면 모두 알고 있는 것 아닐까? 이것이 최후의 만찬이라는 것을 말이다. 그렇게 토성을 감상하며 오랜 시간 식사가 이어졌다.

옐로우 큐가 창문을 가리켰다.

토성의 가장 큰 위성 타이탄이 보였다. 토성에는 100개 이상의 크고 작은 위성이 있는데 타이탄은 거의 달과 맞먹는 거대한 크기다. 동해가 타이탄을 보며 말했다.

"타이탄에는 액체로 된 바다가 있다는데 사실이에요?"

"그렇다고 하더구나."

옐로우 큐의 대답에 바비케인이 망원경을 꺼내 타이탄을 바라보았다.

"오, 진짜 지구와 비슷한 대기를 가지고 있군."

"어디 나도 보세."

캡틴 니콜도 망원경으로 타이탄을 바라봤다.

"정말 그렇군. 이렇게 먼 곳에 지구와 비슷한 곳이 있다니."

"오! 그렇다면 타이탄에 사람이 살까요?"

아르당이 신이 나서 말했다.

"저렇게 지구와 비슷한데, 정말 사람이 살지 않을까?"

"우리 갑시다. 타이탄으로 갑시다."

서연은 Q 배지를 꺼내 보았다. 강한 빛이 나오고 있었다.

"얘들아, 옐로우 큐 선생님?"

옐로우 큐와 아이들이 돌아보자 서연이 Q 배지를 보여 주었다. 이제 정말로 돌아갈 시간이다. Q 배지가 더욱 빛났다. 서연이 옐로우 큐를 보며 고개를 끄덕였다.

"좋아요. 타이탄으로 갑시다."

옐로우 큐가 마지막 연료통을 떼어 내어 엔진에 연결했다. 혹시 모르는 일이다. 타이탄에 고도의 문명이 있을지도.

옐로우 큐가 큰 소리로 말했다.

"발사! 타이탄으로 출발!"

엔진이 가동되었다. 포탄 우주선이 타이탄의 인력 범위로 들어가자 낙하 속도가 점차 빨라졌다.

"어? 저게 뭐지?"

포탄 우주선이 날아가는 곳에 검은 소용돌이가 생겼다. 아주 깊고 진한 검은색이었다.

"도대체 저게 뭐지?"

"혹시, 블랙홀?"

바비케인이 소리치자 캡틴 니콜이 대답했다.

포탄 우주선이 순식간에 검은 소용돌이로 빨려 들어갔다.

포탄 우주선이 마구 흔들렸다. 그리고 나타난 곳은 지구 상공이었다. 푸른 바다와 하얀 구름이 보였다.

"뭐야, 지구로 온 거야?"

포탄 우주선이 지구 중력에 이끌려 빠른 속도로 떨어졌다.

옐로우 큐가 다급하게 말했다.

“블랙홀이 아니라 웜홀이었나 봐? 웜홀은 공간이 휘어지면 순간적으로 이동…….”

“선생님, 그만!”

낙하하는 순간에도 과학 지식을 설명해야 할까?

“왜 그래, 서연 학생?”

서연은 주머니에서 강하게 빛나는 Q 배지를 꺼내 보여 주었다. 이제 현실로 돌아갈 수 있다. 하지만 바비케인, 캡틴 니콜, 미셸 아르당은 다르다.

“지금 포탄 우주선이 떨어지고 있어요. 회장님에게 안전하게 착륙하는 방법을 알려 주라고요.”

“아! 그렇지.”

옐로우 큐는 조종 버튼 옆에 있는 바비케인에게 소리쳤다.

“바비케인 회장님, 두 번째 버튼을 누르세요. 낙하산 버튼입니다.”

바비케인은 힘들게 움직여서 두 번째 버튼을 눌렀다.

우주선 뾰족한 부분에서 낙하산이 올라왔다. 그러자 우주선의 속도가 확 줄었다. 그렇더라도 시속 30km다. 이대로 땅에 떨어지면 죽지 않더라도 최소 중상이다.

"바비케인 회장님, 잘 들으세요. 땅에서 20m 정도 높이에 도달하면 세 번째 버튼을 누르세요. 역추진 엔진이에요."

"20m에서 역추진 엔진."

"높이를 잘 지키세요. 그래야 안전하게 착륙할 거예요."

"기억하겠소."

"자, 여러분. 이제 인사를 나눕시다. 우리는 홀연히 사라집니다."

어찌된 일인지 바비케인과 캡틴 니콜, 미셸 아르당은 그 말에도 놀라지 않았다. 자신들의 시대를 훌쩍 뛰어넘는 과학 지식 때문에 다른 시대 사람이라는 걸 눈치챈 걸까?

동해는 바비케인에게, 상백은 캡틴 니콜에게 달려가 안겼다. 모두 말은 없었지만 서로의 체온으로 마음을 전했다.

"삼색아, 넌 나랑 같이 가자. 괜찮죠, 옐로우 선생님?"

백근이 삼색이를 안았다. 옐로우 큐가 고개를 끄덕였다.

바비케인이 온화한 얼굴을 하고 서연을 바라보았다. 평소는 굳어 있는 표정이었는데 미소를 짓고 있었다.

"서연 학생도 잘 가시게."

눈물이 울컥 올라왔다. 대답하면 눈물이 떨어질 것 같아서 서연은 Q 배지를 높이 들었다.

"모두 안녕!"

Q 배지에서 나오는 빛이 모두를 감싸았다. 이제 진짜 현실 세계로 돌아갈 시간이다.

옐로우 큐의 수업노트 **06**

태양계의 끝

초5-1 태양계와 별 | 중3 태양계 | 중3 과학 기술과 인류 문명

태양계에 아직 발견하지 못한 행성이 또 있을까?

당연히 더 있지 않을까?

새로운 행성이 또 나타난다고?

우주는 미지의 세계니까.

내가 발견하면 좋겠다.

1. 목성과 4대 위성

목성의 질량은 태양의 1,000분의 1이지만 다른 모든 태양계 행성들을 합친 것보다 2.5배나 커. 목성은 수소와 헬륨으로 이루어진 가스 행성이야. 목성의 질량이 더 컸다면 중심부에서 수소 핵융합이 일어날 수도 있었어. 그렇다면 스스로 빛을 내는 별의 지위를 가질 수 있었겠지. 하지만 질량은 부족했고, 태양의 지배를 받는 행성이 된 거야.

목성의 자전 주기는 약 10시간이야. 목성을 보면 가로줄무늬가 뚜렷이 보이고, 대적점이라고 불리는 소용돌이도 보여. 이것으로 목성의 대기가 엄청 요동치는 것을 알 수 있지.

목성은 무려 95개나 되는 위성을 가지고 있어(2023년 기준). 그중 눈에 띄는 것은 역시 4대 위성이야. 1610년 갈릴레이도 망원경을 이용하여 관측했어. 그래서 4대 위성을 갈릴레이 위성이라고도 해.

목성

목성의 가장 역동적인 위성은 이오야. 이오는 목성과 가장 가까워. 약 42만km가 떨어져 있지. 지구와 달의 거리 38만km보다 멀지만 목성의 크기를 생각하면 이오는 엄청난 중력을 받고 있어. 여섯 개의 화산이 끊임 없이 폭발하고 유황 기둥이 100km 이상으로 솟아올라.

가장 큰 위성은 가니메데야. 태양계의 위성들 중 가장 크고 밝지. 지름이 5,262km로 수성보다 크지만 질량은 수성의 45% 정도라고 해. 갈릴레이의 4대 위성을 제외하고는 대부분 지름이 1~2km 정도밖에 안 되는 작은 위성들이야.

2. 토성과 타이탄

토성은 마치 훌라우프를 하는 것처럼 엄청난 고리를 가지고 있지. 망원경으로 선명히 보일 정도야. 토성처럼 멋지고 큰 고리는 아니지만 목성과 천왕성도 고리를 가지고 있어.

토성

토성도 목성과 마찬가지로 수소와 헬륨으로 이루어진 가스 행성으로, 자전 속도가 10시간 33분으로 매우 빨라서 토성에서는 엄청난 강풍을 느낄 거야. 잔잔하고 아름답게 보이지만 매우 위험한 행성이지.

토성의 고리는 적도 위 7,000km에서 140,000km까지 뻗어 있는데 중간에 없는 부분도 있어. 고리의 성분은 대부분이 물인데, 얼음 형태로 존재하지.

토성은 목성보다도 많은 위성을 거느리고 있어. 현재까지 145개(2023년 기준)의 위성이 발견되었는데, 아마 계속 발견되어 그 수는 증가할 거야. 토성은 지름이 50km 이상 되는 위성을 13개나 거느리고 있는데, 역시 으뜸은 타이탄이야. 지름이 5,150km로 태양계에서 가니메데 다음 두 번째로 큰 위성이야. 타이탄은 98%가 질소로 이루어진 대기를 가진 유일한 위성이고, 지구처럼 액체의 바다를 가지고 있어. 타이탄에 흐르는 액체는 물이 아닌 메테인일 것이라 추정하고 있어.

3. 천왕성과 해왕성

밤하늘에서 수성, 금성, 화성, 목성, 토성은 밝게 보여. 물론 천왕성도 맨눈으로 보이기는 하지만 너무 작아서 행성으로 판단하기 어려웠지. 처음 발견

허블 우주 망원경이 촬영한 천왕성

보이저 2호가 촬영한 해왕성

한 허셜도 꼬리가 없는 혜성으로 판단할 정도였어. 허셜은 망원경으로 천왕성을 관측했고, 1781년 공식 발표했지.

천왕성의 크기는 지구의 4배야. 질량은 약 14.5배 정도 되지. 허블 망원경이 찍은 천왕성을 보면 고리가 선명히 보여. 그런데 고리가 누워 있지? 천왕성의 자전축이 98도 기울어져 있기 때문이야. 천왕성은 27개의 위성을 거느리고 있는데, 지름이 1,000km가 넘는 것이 4개나 있어.

해왕성은 맨눈으로 보이지 않아서 1846년에야 발견할 수 있었어. 지름은 천왕성보다 작지만 밀도가 커서 질량은 더 커. 해왕성은 목성형 행성처럼 가스 행성으로, 메테인 성분 때문에 파란색으로 보여. 1989년 보이저 2호는 해왕성 북극 상공 4,656km까지 접근, 해왕성 주위에서 5개의 고리를 발견했어. 이때 목성의 대적점과 닮은 대흑점도 발견했어. 대흑점도 강한 소용돌이로 시속 2,100km의 강한 바람이야.

해왕성에서는 14개의 위성이 발견되었어. 여기에 비교적 큰 트리톤이란 위성은 지름이 2,706km야. 트리톤은 크기가 큰 위성 중에서 유일하게 모행성을 역행으로 공전하는 위성이야. 원래는 떠돌아다니다가 해왕성의 중력에 잡힌 것이 아닐까 추정하고 있어.

이야기를 마치며 지구로 귀환

어딜까, 이곳은? 아무것도 보이지 않았다.

"옐로우 큐 선생님? 동해야, 상백아, 백근아?"

정면에서 강한 빛이 켜졌다. 세 사람이 서 있었다.

빛이 뒤에서 비추었기 때문에 얼굴이 보이지 않았고 서연 쪽으로 그림자가 길게 늘어져 있었다.

"바비케인 회장님? 니콜 아저씨? 아르당 아저씨?"

사람들은 대답하지 않았다.

"여기가 어디예요?"

"타이탄."

마치 마이크를 대고 말하는 목소리처럼 들렸다.

"여기가 토성의 위성인 타이탄이라고요? 그럼 당신들은 타이탄 사람들이에요?"

고개를 끄덕이는 것 같았다. 가운데 가장 키가 큰 사람이 서연에게 물었다.

"지구인이여, 지구를 사랑하고 있는가?"

"네?"

"지구의 환경을 생각하느냐는 말이다."

"물론이에요. 분리수거를 하고, 대중교통을 타고요. 지구 사람들은 탄소 배출량을 줄이려고 친환경 에너지도 쓰고 전기차도 만들고요. 나름 애쓰고 있어요."

세 명의 타이탄이 서로 마주 보고는 고개를 끄덕였다.

"네 말처럼 모두가 그러지는 않을 거야."

"하지만 많은 사람들이 생각하고 있다고요, 지구를."

"흠. 생각만으로는 안 돼. 더 많이 더 빠르게 실천하지 않으면 지구에서는 사람이 살기 힘들어질 거야."

서연은 시끄럽게 자신을 부르는 소리에 눈을 떴다. 옐로우 큐의 얼굴이 보였다.

"서연 학생, 정신 차려. 괜찮아?"

옐로우 큐 옆에 동해, 상백, 백근의 얼굴이 보였다.

"여기 어디야? 타이탄이야?"

"무슨 소리야? 여기는 지구야."

"돌아온 거예요?"

"그렇다네. 무사히 돌아왔다네."

서연은 몸을 일으켜 주변을 돌아보았다. 처음 출발했던 우주 박물관이었다. 우주로 날아갈 것만 같은 거대한 로켓 모형, 천장에 매달린 검은 무늬가 있는 커다란 노란 풍선 달, 태양계 8개의 행성과 행성 주변의 위성, 꼬리를 길게 늘어뜨리고 떨어지는 혜성도 있었다.

동해가 행성 모형의 끝 부분을 가리키며 말했다.

"토성 다음 행성인 천왕성과 해왕성을 못 봐서 아쉽네."

"동해야, 우리 둘이 다시 갈까?"

상백이 동해의 어깨에 손을 얹으며 말했다. 농담인 것을 알지만 백근은 손을 좌우로 흔들었다.

"난 빼 줘. 요리는 질렸어. 당분간 요리는 하지 않을 거야."

"하하하, 그 말이 제일 믿기 어렵다네."

옐로우 큐가 웃으며 말했다. 서연은 소설의 마지막을 확인하고 싶었다.

"선생님, 여기《달나라 탐험》책이 있지요?"

"그렇다네."

"저 좀 보여 주세요. 어서요."

서연은 옐로우 큐를 따라 사무실로 갔다. 옐로우 큐가 책장에서《달나라 탐험》을 찾아 주었다. 서연은 소설의 마지막 페이지를 펴서 읽어 보았다.

"휴, 다행이에요. 바비케인, 니콜, 아르당 아저씨 모두 지구에 무사히 착륙했어요."

"그야 당연하지. 바비케인과 캡틴 니콜은 보통의 과학자가 아니라네."

서연은 천장에 걸린 토성을 올려다 보았다. 토성의 고리 옆에 타이탄 행성이 보였다.

'타이탄 인을 정말 내가 만난 걸까?'

동해가 서연의 어깨를 쳤다.

"서연아, 로켓 놀이기구 같이 타자."

동해, 상백, 백근이 나란히 서 있었다. 출발할 때는 앙숙이었는데, 이제 셋은 무척 잘 어울리는 친구가 되어 있었다. 그러고 보니 박물관에서 소설 속 여행을 하는 동안 늘 못마땅한 아이와 친구가 되곤 한다.

"그래, 가자."

서연이 주머니 속 Q 배지를 꺼내 보았다. 왠지 Q 배지가 또 빛나는 것 같았다.

"서연 학생, Q 배지는 줘야지."

옐로우 큐에게 Q 배지를 맡기면 또 어디론가 이동할지도 모른다.

"당분간은 제가 맡고 있는 것이 좋겠어요."

"학생들, 내 Q 배지 돌려줘!"

쥘 베른의《달나라 탐험》,
멀고도 가까운 달, 그 신비한 곳에 닿고자 하는 우주 과학 소설

지난 여행에서 달로 가기 위해 로켓을 만들던 쥘 베른의 과학 소설《지구에서 달까지》를 기억하지? 이번 여행은 후속작《달나라 탐험》에 나오는 이야기야.

《지구에서 달까지》가 달로 가고자 하는 인간의 마음을 표현한 것이라면《달나라 탐험》은 미지의 달 이야기야.

달은 참 신비한 천체야. 지구의 인력에 잡혀 있는 위성이지만 크기가 큰 편이지. 지름이 지구의 4분의 1이나 되거든. 그래서 옛날 과학자들도 달에 관심이 많았어.

《달나라 탐험》의 작품 속에서는 달에 착륙하지 못하고 달의 뒷면으로 가는 설정을 해. 왜냐하면 달은 신기하게도 공전 속도와 자전 속도가 같기 때문에 한 면만 보이거든. 1860년대 사람들은 달의 뒷면이 매우 궁금했을 거야. 닐 암스트롱이 달에 갔던 1969년쯤 돼서야 인간은 달의 뒷면을 보게 되었어. 뒷면을 실제로 보고도 달의 뒷면에는 외계인의 기지가 있을 거라고 믿는 사람도 있었지.

쥘 베른 작가가 달의 뒷면으로 가는 설정을 한 것은 미지의 장소를 찾아가고 싶은 열망 때문이 아니었을까?

커다란 보름달을 가만히 보고 있으면 특정 무늬가 있어. 옛날부터 우리나라에서는 토끼가 절구를 찧는 모양이라고 했었지. 사실 어두운 곳은 지대가 낮아서 빛을 조금만 반사하기 때문에 그렇게 보이는 거야. 지금은 달의 바다라고 부르지.

쥘 베른이 살던 시절부터 사람들은 망원경으로 달을 관찰했어. 크레이터를 화산이라고 생각했고, 과학자들은 그것들에 이름을 붙였지. 월면도를 그리고 각 지형에 이름을 지은 거야. 코페르니쿠스 산, 케플러 산, 무지개 만, 비의 바다 등. 쥘 베른도 달을 관찰하며 이것들을 독자들에게 자세히 알려 주고 싶었을 거야.

월면도와 월후면도를 찾아보는 것이 어때? 신비한 달의 모습을 확인할 수 있을 거야.

쥘 베른 (1828~1905)

《달나라 탐험》(1869) 프랑스판 표지

옐로우 큐의 편지

오늘도 하늘에 떠 있는 달을 보니 웅장한 마음이 드나요? 달은 참 신기한 천체입니다. 이상한 점이 한두 개가 아니에요.

하필이면 공전 속도와 자전 속도가 같아서 지구에서는 한 면만 보이고, 각 지름이 0.5도로 태양과 같습니다. 지구에서 보는 크기가 같다는 말이에요.

그래서 월식과 일식이 일어날 때, 그 크기가 딱 들어맞죠. 하필이면 태양과 달의 거리 비와 크기의 비가 딱 맞아서 그런 겁니다.

이상한 점은 또 있어요. 달의 크기는 지구의 4분의 1이에요. 그게 뭐 이상한 점이냐고요? 지구의 크기를 생각하면 달처럼 큰 위성은 가질 수 없어요. 달의 크기는 목성의 4대 위성, 토성의 타이탄과 크기가 맞먹어요.

실제로는 목성, 토성처럼 큰 행성쯤 되어야 달을 거느릴 수 있는 거죠.

옛날 아주 우연으로, 그리고 매우 정확한 각도로 달이 지구와충돌했어요. 한 치의 오차라도 있었다면 달은 지구를 공전할 수 없었습니다.

어때요? 제 말을 들어 보니 달이 더 신기하게 보이지 않나요?

지구와 가장 가까운 달, 지금 세계의 각 나라에서는 달과 화성을 인간이 다음에 거주할 곳으로 생각하고 있답니다.

이것은 공상 과학 소설에만 나오는 이야기가 아니에요. 생각한 것보다 빠르게 우주 시대가 우리에게 다가오고 있어요. 인공 지능과 로봇이 발달하면서 개발 속도는 더욱 빨라질 겁니다. 그 첫 번째 타자는 당연히 달이 되겠죠. 2022년에 우리나라에서도 다누리 달 탐사선을 보내 달의 궤도에 진입했었어요. 이제 착륙도 곧 할 수 있겠죠?

중·고등학교에 올라가면 태양계 행성들을 자세히 배울 거예요. 신비한 달과 우리 태양계의 행성들, 쥘 베른의 원작을 읽어 보며 달의 지형 이름도 알아보고 우리 책으로 익힌 태양계 행성들의 특징을 기억해 봅시다.

이미지 출처

* 이 책에 쓴 사진은 저작권자의 허가를 받아 게재한 것입니다.
* 저작권자를 찾지 못하여 게재 허가를 받지 못한 사진은 저작권자를 확인하는 대로 허가를 받고, 출판사 통상 기준에 따라 사용료를 지불하겠습니다.

옐로우 큐의 살아있는 박물관 시리즈

우주 박물관 하

1판 1쇄 인쇄 2024년 10월 10일
1판 1쇄 발행 2024년 10월 25일

글 | 윤자영
그림 | 해마
발행인 | 전연휘
기획·책임편집 | 전연휘
편집·교정교열 | 김민애
디자인 | 염단야
홍보·마케팅 | 양경희, 노헤이

발행처 | 안녕로빈
출판등록 | 2018년 3월 20일(제 2018-000022호)
주소 | 서울특별시 광진구 아차산로69길 29 1108
전화 | 02 458 7307
팩스 | 02 6442 7347
@hellorobin_books
hellorobin.co.kr
blog.naver.com/hellorobin_
robinbooks@naver.com

ISBN 979-11-91942-41-5(74400)
ISBN 979-11-965652-7-5(74400) (세트)